耕作土壤氮流失控制及其对精甲霜灵残留的影响

范茂攀　郑　毅　李永梅　等 著

科 学 出 版 社

北 京

内 容 简 介

本书主要研究耕地土壤氮流失的控制，采取间作、稻草编织物覆盖、施肥类型、土地利用方式等措施减少坡耕地和集约化菜地氮的流失，进一步探索红壤和菜园土壤氮素变化对精甲霜灵残留的影响。

本书可供从事农业资源与环境、土壤学、植物营养学、农业环境保护、水土保持荒漠化防治、环境科学、生态、农业等专业的研究生、科研人员、管理人员以及大专院校师生等参考。

图书在版编目(CIP)数据

耕作土壤氮流失控制及其对精甲霜灵残留的影响 / 范茂攀等著.—北京:科学出版社, 2020.5

ISBN 978-7-03-064756-6

Ⅰ. ①耕… Ⅱ. ①范… Ⅲ. ①耕作土壤-氮-影响-甲霜灵-农药残留物-污染防治-研究 Ⅳ. ①X592

中国版本图书馆 CIP 数据核字（2020）第 054458 号

责任编辑：孟 锐 / 责任校对：彭 映
责任印制：罗 科 / 封面设计：墨创文化

科学出版社出版
北京东黄城根北街16号
邮政编码：100717
http://www.sciencep.com

成都锦瑞印刷有限责任公司印刷
科学出版社发行 各地新华书店经销
*

2020年5月第 一 版 开本：787×1092 1/16
2020年5月第一次印刷 印张：7 1/2
字数：178 000

定价：79.00元
（如有印装质量问题，我社负责调换）

编 写 人 员

以姓氏笔画为序：
王　畅　云南农业大学资源与环境学院
王　凯　云南农业大学资源与环境学院
王　艳　云南农业大学资源与环境学院
李永梅　云南农业大学资源与环境学院
杨艳梅　云南农业大学资源与环境学院
陈小强　云南农业大学资源与环境学院
范茂攀　云南农业大学资源与环境学院
郑　毅　云南农业大学资源与环境学院
孟　媛　云南农业大学资源与环境学院
龚　文　云南农业大学资源与环境学院
黑志辉　云南农业大学资源与环境学院
薛宇燕　云南农业大学资源与环境学院

前　言

2019年世界土壤日主题为“Stop Soil Erosion，Save Our Future”，每年全世界土壤侵蚀导致250亿～400亿吨表土流失，如果不采取行动减少侵蚀，预计到2050年全世界粮食损失将达2.53亿吨，相当于减少了150万平方公里的作物生产面积。中国以世界上8%的耕地养活了世界22%的人口，氮肥的贡献无疑是极其重大的。氮在提高作物产量的同时，对环境也产生了一系列的影响，是造成水体富营养化的关键因子之一。农业氮流失对水体富营养化贡献最大，每年长江中氮的92%和黄河中氮的88%均来自农业。径流损失和渗漏损失是农田氮素损失的基本途径，坡耕地氮的流失主要以径流冲刷流失为主，坝区菜地(集约化农田)氮的损失以渗漏流失为主。中国农田生态系统中氮的淋洗和径流损失量每年达1.74×10^6吨，因此控制氮素径流和渗漏损失，减少氮进入湖泊和河流，降低氮在湖泊和河流中的负荷具有重要意义。农药施用以后，其施用量的80%将会进入土壤等环境中，对环境产生潜在的威胁。土壤中氮的变化将影响农药的降解，但是对其是抑制作用还是促进作用，目前的研究还没有统一的认识。很多研究认为，土壤氮含量过高或过低将抑制农药的降解，适宜的氮水平可以促进农药的降解。因此，研究合理施氮水平和农药残留间的关系，提升药效，减少农药残留，可为建立科学施用化肥、农药提供理论基础和参考价值。

云南地处低纬度高海拔地区，干湿季节分明，降水量差异大，水土流失严重。云南坡耕地占耕地总面积的75.9%，园地(菜园)占耕地总面积的20.1%，是农田土壤氮流失的主要来源。农艺措施和土地利用方式是影响土壤氮流失及其控制效果的重要因素，同时土壤氮素含量又对农药降解有重要作用。著者在欧盟项目、国家基金等项目的资助下，以氮为切入点，选取氮流失以径流为主的坡地红壤和以渗漏为主的集约化菜地，研究种植玉米时稻草编织物覆盖、间作等农艺措施对坡耕地土壤氮径流损失的控制效应，分析不同土地利用方式和不同施肥类型对集约化菜地氮流失的影响。通过不同施氮量影响土壤中氮的变化，研究坡耕地红壤、集约化菜园土中精甲霜灵的残留变化，探索红壤和菜园土壤氮素变化与精甲霜灵残留的关系。本研究目的为有效控制氮的流失、减少环境污染负荷，建立合理的农作措施或土地利用方式，以期减少氮对水体及环境的污染负荷。揭示施用氮肥对精甲霜灵残留的影响，对发展环境友好型生态农业具有重要意义。

本书在撰写过程中得到许多同仁的鼓励、支持，感谢云南农业大学资源与环境学院的领导和同事对我们研究工作的一贯支持，感谢欧盟“第六框架协议国际科学合作研究”项目（INCO-CT-2005-510745）、国家自然科学基金（41461059、41661063）和云南农业大学土壤学重点学科的资助。本书是著者指导博士、硕士研究生多年的研究总结，由于著者所掌握资料及水平有限，有疏漏或不妥之处敬请读者批评指正。

著者

2020 年 2 月

目　　录

第1章 绪　论

氮素是陆地和海洋生态系统的关键元素之一(Vitousek et al.，1997)，是陆地和海洋生产力的一种限制元素(方华等，2006)，限制农业生态系统的生产力，成为农业生态系统中最活跃的因子(陈磊，2007)。中国以世界上8%的耕地养活了世界20%的人口，同时消耗了世界32%的氮肥，氮肥的贡献无疑是极其重大的(武良，2014)。氮在提高作物产量的同时，对环境也产生了一系列的影响，氮养分的浓度在地表水中的浓度超过一定限度时，会引起水体的富营养化。氮素在土壤中是最易耗竭的营养元素之一，人们称氮、磷、钾为“植物营养三要素”或“肥料三要素”。中国化学氮肥的利用率低，20世纪80年代大田生产中氮肥的利用率为30%～35%(李庆逵等，1998)，21世纪初，氮肥利用率不到30%，中国氮肥利用率低于国际水平46%～68%(张福锁，2008)。70%以上的氮素没有被作物吸收利用，将对环境造成巨大的威胁。

进入21世纪，随着人口的增加，集约化农田迅速增加，许多湖泊和河流水域出现了氮、磷富营养化问题(张维理等，2004)。农业氮流失对水体富营养化贡献最大，每年长江中氮的92%和黄河中氮的88%均来自农业(朱兆良等，2005)。土地利用是当代的环境问题，已成为全球性的重要问题(Foley et al.，2005)。不同的土地利用方式导致氮的流失不相同，通过对西湖流域的林地、草地、园林、苗圃、植物园、茶园、旱地和水田的调查，氮单位面积负荷量以水田最高，旱地次之，水田面积仅占流域的3.9%，产生的氮负荷量占16%(焦荔，1991)。农地中氮流失主要以渗漏和径流为主，中国南方稻田每年渗漏损失的氮为6.75～27kg/hm^2，径流损失的氮为2.45～19kg/hm^2(Xing et al.，2000)，水田中渗漏损失的氮量高于径流损失的氮量，而坡耕地土壤氮素流失主要途径为径流流失(袁东海等，2002)。熊汉锋等(2008)研究认为在氮对环境的影响中，化肥是最大的污染源。国内外研究发现，由于不同区域降雨的不同，不同耕作、施肥和种植模式下氮的流失各不相同(Alberts et al.，1978；Bauer et al.，1981；Silva et al.，2005；Franklin et al.，2007；张继宗等，2009；王心星等，2014)。因此，研究不同土地利用条件下，采取合理的种植模式、施肥等农业措施保持土壤肥力，提高氮的利用率，减少氮的流失，建立环境友好型农业生态系统，促进生态与环境的协调发展，具有重要的意义。

1.1 引　言

1.1.1 氮流失对水体富营养化的影响

农业面源污染已成为水体富营养化的重要污染源，导致了土地的退化。在世界上已发生不同程度退化的 $12\times10^8hm^2$ 耕地中，约 12%是由农业面源污染引起(Dennis et al.，1998；李秀芬等，2010)。美国污染总量的 2/3 来自面源污染，面源污染的 75%来自农业(全为民等，2002)。瑞典来自农业的氮占流域总输入量的 60%～87%(Lena，1994)。荷兰农业面源提供的总氮占水环境污染物总量的 60%(Boers，1996)，丹麦 270 条河流 94%的氮负荷由面源污染引起，氮素流失已经成为水体污染的主要成因(Boers，1996；Kronvang et al.，1996)。湖泊和水库中的氮(无机氮)总量大于 0.2mg/L 时，水体中将发生藻华(Algal Blooms)现象。我国 25 个湖泊的调查显示，水体全氮均超过了富营养化指标(0.2mg/L)(司友斌等，2000)。中国水土流失面积达 $179\times10^4km^2$，每年流失表土 50×10^8t，流失 N、P、K 有效养分约 1000×10^4t(欧阳喜辉等，1996)。中国农业面源污染引起水体富营养化的程度和广度远远超过发达国家(张维理等，2004)。

径流损失的氮是造成地表水氮素富集的重要原因之一，国内外许多学者对不同土地利用方式、施肥状况(时期、数量和种类)、不同覆盖方式、土壤质地、土壤含水量等影响氮流失的因素进行了研究(Shuman et al.，2002；Schlesinger et al.，1999；Silva et al.，2005；Franklin et al.，2007；段永惠等，2004；林超文等，2010；赵野等，2011；鲁耀等，2012；王丽等，2014)。氮素养分径流损失过程中，径流水氮养分流失总量与施肥量呈正相关(肖强等，2005；王云等，2011)。优化施肥可提高土壤的肥料利用率，减少氮在土壤中的残留量，降低氮的径流流失(段永惠等，2004；付伟章，2005；郭云周等，2009；刘建香等，2009)，采用不同的肥料品种、施肥方式和施肥时间，可对氮的流失产生不同的影响(段永惠等，2005)。安徽巢湖六叉河小流域，施肥情况下水田氮流失量高达 $11.2kg/hm^2$，是最大的潜在非点源污染(晏维金等，1999)。苏南太湖地区农业面源氮素污染负荷量随年降水量和灌溉量的增加而增大，稻田氮素污染负荷量显著地高于旱田(马立珊等，1997)。太湖地区农田径流损失的氮素一般占施氮量的 13.6%～16.6%。朱兆良(2000)的研究表明，中国大面积化学氮肥用量应控制在 150～$180kg/hm^2$，超过这一水平就会引起环境污染。

水田地表径流中氮的排出量高于旱地，其主要是水田径流量大，控水灌溉可节省灌溉量的 31%～36%，稻谷增产 6.7%～8.3%，氮污染负荷量降低 65%～70%(马立珊，1992)。对于旱坡地，主要受自然条件下的降雨影响，减少水土流失量，氮流失也随之减少。陕北丘陵旱坡地，氮径流流失量为 9～$19kg/hm^2$，以土壤颗粒流失的氮占流失总氮量的 95%以上(彭琳等，1994)，鲁耀等(2012)对云南红壤进行研究，认为坡耕地红壤径流氮的流失以颗粒态为主。因此，坡耕地氮的流失主要决定于土壤侵蚀量。国内外学者通过不同的耕作措施、覆盖和种植模式对坡耕地土壤侵蚀的影响进行了研究，等高种植、植物篱、间轮作和秸秆覆盖均能减少径流量和土壤侵蚀量(Soileau et al.，1994；Rasmussen et al.，1998；

Xia et al.，2014；刘立光等，1993；吴伯志等，1996；付斌等，2009；褚军等，2014），从而减少坡耕地的氮流失量。

随着集约化菜地的发展，化学氮肥的大量施用导致土壤氮素的淋溶损失大幅度增加，已成为农田氮素损失的主要途径(徐力刚等，2012)。氮的渗漏淋失是氮进入地下水的主要途径之一，渗漏淋失的 NO_3^-—N 可直接进入地下水，造成地下水源的污染。医学研究表明，饮用水中硝酸盐含量超过 90mg/L 时，将会危及人类的健康。而国际上通常将饮用水中硝酸盐（NO_3^-）含量的最大允许量限定在 50mg/L(Foreman et al.，1975)。许多国家和地区都出现地下水硝态氮含量严重超标的现象(Donald et al.，1978；Kurt，1984；Power et al.，1989；Strebel et al.，1989；Costa et al.，2002)。我国于 1986 年制定了饮用水硝态氮含量标准，其中一级为硝态氮小于 10mg/L，即硝酸盐小于 45mg/L；二级为硝态氮小于 20mg/L(相当于国家地下水质量类别中的III类标准)，即硝酸盐小于 90mg/L(刘宏斌等，2001)。张维理等(1995)对我国北方 14 个县(市)69 个地点调查显示，半数以上超过饮用水硝酸盐含量的最大允许量(50mg/L)，最高者达 300mg/L。刘宏斌等(2006)对北京市平原农区 4 种埋深地下水的硝态氮进行调查，发现 140 眼粮田和 189 眼菜田农灌井硝态氮平均含量分别为 2.45mg/L 和 8.66mg/L，超标率分别为 8.5%和 36.0%；26 个轮作粮田和 43 个保护地菜田浅层地下水平均含量分别为 18.02mg/L 和 72.42mg/L，超标率分别为 55.4%和 100%。调查北京市平原农区 481 眼深层井硝态氮含量，120～200m 深处地下水质较好，硝态氮平均含量仅为 5.16mg/L，超标率达 13.8%；70～100m 深处地下水质相对较差，水体中硝态氮平均含量为 5.98mg/L，超标率达 24.1%；近郊的超标率大于远郊，北京市平原农区地下水硝态氮污染程度已超过欧美国家(刘宏斌等，2005)。

灌溉高产农区，当季作物生长期间土壤 NO_3^-—N 在米脂沙质土壤、杨陵重壤质𡒄土和汉中黏质水稻土中分别淋移至 200cm 以下、100cm 以下和 60cm 左右，NO_3^-—N 在 0～40cm 土层中的淋失量分别占施入氮量的 41%、31%和 15%。土壤 NO_3^-—N 淋失深度和淋失量与施氮量、施氮技术、地面接水量、土地利用和土壤质地等密切相关(吕殿青等，1998)。太湖流域 16 个县内的 20 个试验点的结果显示，土层 0.5～1.0m 深层渗漏水硝态氮含量与前季稻、小麦(或油菜)氮肥施用量以及全年氮肥施用总量呈极显著正相关(马立珊等，1987)。徐力刚等(2012)研究认为，葡萄种植园、蔬菜基地、常规种植区每公顷增加 1kg 氮肥投入量，硝态氮含量分别增加 0.1824mg/L、0.1331mg/L 和 0.1269mg/L，当氮肥施氮量达 400kg/hm^2 时，易造成地下水硝态氮含量超标。王朝辉等(2002)对不同类型菜地和农田土壤进行测定，菜地 0～200cm 各土层的硝态氮残留量均高于农田土壤，常年露天菜地 200cm 土层的硝态氮残留总量为 1358.8kg/hm^2，2 年大棚菜田为 1411.8kg/hm^2，5 年大棚则达 1520.9kg/hm^2，而一般农田仅为 245.4kg/hm^2，硝态氮在菜地中的残留量远高于一般农田，菜地硝酸盐严重威胁菜区地下水环境。张乃明等(2006)对滇池大棚土壤研究认为，大棚土壤的硝酸盐累积量随着棚龄的增长而增加，3 年左右的大棚硝酸盐含量是一般露地农田的 1～5 倍，6 年以上大棚的硝酸盐含量比一般农田高出 10 倍以上；硝酸盐随土层深度的增加而减少，主要分布在 0～40cm 土层内。因此，集约化种植过量施肥将导致硝酸盐的淋失和土壤中的残留，土体中 NO_3^-—N 的淋失也是造成地下水污染的直接原因。

1.1.2 农业措施对坡耕地氮流失的影响

坡耕地是指耕地所在地表形态大于 8°的耕地，是中国耕地资源的重要组成部分。耕地普查面积为 $13251.95\times10^4hm^2$，其中坡耕地占 35.09%，坡耕地面积为 $4652.20\times10^4hm^2$，其中 8°～25°的缓坡耕地 $3927.45\times10^4hm^2$，占耕地总面积的 29.64%，大于 25°的陡坡耕地 $724.75\times10^4hm^2$，占耕地总面积的 5.47%。坡耕地主要分布在占国土面积 70%的丘陵山区中，最多的为西南区，占坡耕地面积的 29.72%，其次为黄土高原区，占坡耕地面积的 18.71%(杨瑞珍，1994)。云南坡耕地为 $233\times10^4hm^2$，坡度以 8°～25°居多，坡耕地主要以农作物种植为主，占坡耕地面积的 89.4%，经济林果占坡耕地面积的 10.6%，农作物夏季以玉米为主，冬季以小麦为主(王洪中等，1999)。

坡耕地每年产生的土壤流失量约为 15×10^8t，占全国水土流失总量的 1/3(郭文义等，2009)。云南省每年侵蚀土壤 5.18×10^8t，面积达 $14.13\times10^4km^2$，占土地总面积的 37%，主要发生在大于 8°的坡地上，占水土流失总面积的 90%以上(米艳华等，2006)。坡耕地是水土流失的主要来源(傅涛等，2001)。云南地跨北纬 21°～29°的亚热带，热带北缘地区，近 $4000\times10^4hm^2$ 土地中，红壤面积约占 70%，$280\times10^4hm^2$ 耕地中，红壤面积约占 50%，红壤是云南省最主要的土地资源(凌龙生，1986)。而云南是我国热区组成部分之一，红(黄)壤分布较广，物理性质差，结构不良，保水保肥性差，水土流失严重(刘醒华，1986)。因此坡耕地红壤水土流失更强烈。

覆盖对土壤侵蚀有非常明显的控制作用，地面覆盖可以显著减少产流、产沙量，甚至基本消除水土流失现象，坡度陡、土质疏松的黄土高原，植被和其他覆盖能有效地控制坡耕地的水土流失，减少径流 75%～95%，减少侵蚀 84%～99%(刘元保等，1990)。覆盖的材料可以因地取材，可以用作物残茬，也可以用作物的秸秆或草肥撒在地面上。1993～1996 年 Barton 等研究显示，云南红壤秸秆覆盖比传统耕作土壤侵蚀量分别减少了 18%、66%、86%和 78%，地膜覆盖与传统耕作的侵蚀量差异不显著，等高耕作比顺坡耕作侵蚀量减少了 31%(Barton et al.，2004)。Edwards 等(2000)研究认为，秸秆覆盖减少土壤流失 50%。Fernández(2014)为控制火灾后的侵蚀，采用秸秆覆盖($2.0Mg/hm^2$)、桉树皮覆盖($3.5Mg/hm^2$)和控制(未处理)。秸秆初始地面覆盖度达 70%，树皮初始地面覆盖度达 57%。平均产沙量比对照地块($0.7Mg/hm^2$ 树皮+覆膜地块和 $0.5Mg/hm^2$ 的秸秆+覆膜地块)显著降低。树皮衰减迅速，六个月后的平均覆盖度减少到约 27%；秸秆覆盖持续较长，一年后的平均覆盖度超过 40%。Bhatt 等(2006)采用少耕和传统耕作，传统耕作采用秸秆覆盖(全覆盖、1/3 覆盖、条带覆盖、垂直覆盖和无覆盖)，传统耕作比少耕径流量高 5%、土壤流失量高 40%，与无覆盖相比，全覆盖减少径流量 33%，1/3 覆盖、条带覆盖、垂直覆盖对土壤流失的作用均小于全覆盖。采用不同的覆盖量(0、$1Mg/hm^2$、$2Mg/hm^2$、$3Mg/hm^2$、$4Mg/hm^2$)，径流量和侵蚀量随覆盖量的增加而减少(Lal，1997)。Robichaud 等(2013)采用木材粉碎和农业秸秆覆盖，与无覆盖对照，覆盖处理显著减少坡面流速和增加坡面流汇集前渗入土壤的比例；火灾后对坡面处理，木材粉碎覆盖同样有效地减少火灾后径流和泥沙产量。Bauer 等(1981)采用残茬覆盖，径流量和侵蚀量有效地减少。可降解覆盖物增加土壤的孔隙度和透水性，腐解后可以增加土壤中有机质的含量，改善土壤理化性质，保水和保肥性能增强，提高土壤的通气透水性能(Rosemeyer et al.，2000；唐涛等，2008)。因此，秸秆是广泛采用的地表覆盖物，其他如木屑、切碎草、各种叶、松枝、有机肥料、草袋等可降解物质都可利用，可降解覆盖物覆盖均能有效减少径流量和侵蚀量，但不同的覆盖材料和覆盖度，减少径流和侵蚀量不相同。覆盖材料的腐解不一样，将会导致覆盖后相应时间段内覆盖度不一样，从而影响覆盖的保持效果。

近年来为了提高作物产量，旱地农作物采用塑料薄膜或地膜覆盖节水保土提温，用以栽培蔬菜、玉米等作物，获得了明显的增产效果(王冬梅，2002)。覆膜中形成了一定的土挡，具有拦截作用。Wan 等(1999)设裸地、地膜覆盖、菠萝冠覆盖、地膜+菠萝冠覆盖 4 个处理，径流量和土壤侵蚀菠萝冠覆盖比裸地减少 30%～50%，认为地膜增加产流和土壤侵蚀，而地膜覆盖+菠萝冠往往延缓产流，减少水土流失，研究认为在夏威夷的菠萝种植园使用的塑料地膜未必增加径流量和土壤侵蚀。为了有效减少水土流失和养分损失，覆盖常与耕作措施结合开展，效果更为显著。国内外学者研究认为，坡耕地等高耕作(横坡耕作)与顺坡耕作相比，效果显著(Quinton et al.，2004；Barton et al.，2004；袁东海等，2001；付斌等，2009；邱学礼等，2010)。紫色土不同耕作条件下，进行秸秆覆盖或地膜覆盖均能减少地表径流、径流总量、土壤侵蚀量和氮素总流失量，秸秆覆盖的保水减沙、控制土壤养分流失的效果优于地膜覆盖，秸秆覆盖能减少地表径流 73.9%～86.2%，减少侵蚀泥沙 96.5%～98.1%，减少 N 流失总量 12.8%～65.1%(林超文等，2010)。

坡耕地红壤种植玉米，采用等高双垄盖膜盖草种植玉米与等高双垄盖膜、裸地顺坡种植相比，等高双垄盖膜盖草水土流失量最小(安瞳昕等，2004)。通过优化施肥、揭膜、横坡垄作及秸秆覆盖等农艺措施可以降低坡耕地红壤中氮的流失(鲁耀等，2012)。米艳华等(2006)采用植物篱与玉米秸秆、麻袋、牧草活覆盖处理种植玉米，与不覆盖种植玉米相比，减少土壤养分流失的效果显著。李洪勋等(2006)采用等高覆膜与开沟、秸秆覆盖+开沟、打塘等处理种植玉米，与无覆盖顺坡打塘种植相比，径流量和侵蚀量均减少，沿等高线+薄膜覆盖+秸秆覆盖+开沟种植显著减少水土流失量。因此，坡耕地红壤等高耕作与覆盖相结合，能有效减少径流、减少泥沙和养分的流失。

袁东海等(2001)研究认为，坡耕地土壤氮的流失以径流流失为主，约占土壤氮素流失总量的 81.9%～93.4%，径流流失氮素以水溶态为主，约占径流流失氮素的 78.0%～87.6%。彭琳等(1994)研究认为，旱坡耕地的土壤氮的流失以土壤颗粒态为主，占氮养分流失总量的 95%以上。鲁耀等(2012)研究认为，坡耕地红壤地表氮的流失以土壤颗粒态氮为主。袁东海等(2003)研究认为，坡耕地土壤氮的坡面流失方式为推移质流失和径流流失。坡耕地土壤氮素的流失无论是以土壤颗粒态氮为主，还是以径流氮流失为主，土壤氮素流失量均随着径流量和土壤侵蚀量的增加而增加。同一土壤条件下，控制坡面径流，减少土壤侵蚀量，从而降低坡耕地氮的流失。

间作是指在同一地块上同时成行或带间隔地种植两种或两种以上生育相近的作物，作物搭配必须符合生物的生物学特性及当地自然条件特点，注意作物的株形、叶形、根系深浅、生育长短和对外界环境的适应性。人们通过长期种植对间作进行了总结，归纳为“一高一矮，一肥一瘦，一圆一尖，一深一浅，一早一晚，一阴一阳”。间作作物对土壤层增加了覆盖面积和覆盖度，具有减少水土流失的作用，同时对固持土壤和改良土壤有很大的作用。间作可以充分利用土地，同一时期在同一地块获取 2 种以上作物产量，提高水分和养分资源利用，各国广泛采用(Trenbath et al.，1986；刘巽浩，1992)。玉米间作大豆与单作相比，具有明显的产量优势(Ahmed et al.，1982；Allen et al.，1983；Martin et al.，1990；West et al.，1992)。间作能提高氮素的利用效率(Zhou et al.，2000；Zhang et al.，2003)。

种植农作物与裸地相比，间作提高养分效率的同时，地上部分可增加地表覆盖，减少径流量的产生，地下部分(根系)可固持土壤，提高土壤的抗蚀性，从而减少氮的流失。Zougmore 等(2000)采用高粱与豇豆间作，径流量表现为高粱豇豆间作比单作高粱减少 45%～55%，比单作豇豆减少 20%～30%，土壤流失量间作比单作减少 50%以上。安瞳昕等(2007)采用玉米间作蔬菜和草带等不同种植方式对坡耕地水土流失进行研究，与玉米裸地单作相比，玉米覆膜间作白菜、间作马铃薯、间作辣椒总侵蚀量分别显著减少 47.0%、43.8%和 10.2%；玉米盖膜间作高羊茅比玉米裸地单作显著减少 60.8%；与玉米裸地单作相比，玉米间作处理的平均侵蚀量在低雨强、中雨强和高雨强下分别减少 35.7%、61.4%和 70.2%。小麦和豌豆轮作与连续 5 年休闲地相比，径流氮的流失减少了 3kg/hm^2(Douglas et al.，1998)。植物篱条件下(香根草、银合欢、刀豆)，玉米产量增加，径流量和氮流失量减少(Pansak et al.，2008)。玉米间作三叶草，玉米间作比单作氮淋失降低 15%～37%(Manevski et al.，2015)。三峡库区采用玉米间作大豆、单作玉米、玉米间作苜蓿、玉米间作黄花菜四个处理，玉米间作苜蓿、玉米间作黄花菜时苜蓿和黄花菜总氮损失分别降低 80.9%和 85.0%(Wang et al.，2012)。湛方栋等(2012)在滇池流域采用玉米间作蔬菜，地表径流量、地表径流总氮流失量显著减少 44.5%、53.1%。湖南省浏阳市河潮土，通过玉米单作、玉米间作大豆、玉米间作红薯、玉米间作芝麻、玉米间作花生种植，玉米间作大豆、玉米间作红薯是较为理想的可减少旱地地表径流总氮流失浓度的间作方式，玉米间作大豆效果最佳，控制颗粒态氮流失负荷方面，玉米间作红薯比玉米间作大豆更有优势(王心星等，2014)。间作模式有农林、林草、粮草和作物间的间作，间作之后均可以减少水土流失及氮流失，而不同的间作模式获得的效益不同。作物间作，既要考虑作物产量和经济效益，又要考虑间作的水土保持效果，才可以提高农户采用间作种植模式的积极性。

坡耕地发展过程中，要充分利用坡耕地的旱地资源，挖掘旱地的生产潜力。坡耕旱地表现为“薄、瘦、旱”，呈现出“广种薄收、粗放经营”模式。需要注重用地与养地相结合，粮食作物间种植大豆、绿肥等养地作物，增强土壤的固氮能力，减少氮素的损失，提高土壤肥力水平。顺坡种植比横坡种植增加土壤冲刷 50%，等高翻耕比向坡上或坡下翻耕可减少土壤流失 37%～100%，减少地表径流 12%～99%(刘厚培，2003)。因此，结合农户长期生产实践，探索区域性间作模式和耕作技术，对坡耕地的可持续性发展具有重要意义。

1.1.3 农业措施对菜地氮流失的影响

菜地是指常年种植蔬菜为主的耕地，包括大棚用地。由于集约化农业发展，土地利用发生转化，转化过程中土壤全氮含量均表现为提高，不同土地类型中的变化顺序为：菜地＞水浇地＞旱地＞荒草地(孔祥斌等，2004)。耕地不同利用方式对土壤有机质和氮、磷、钾等大量元素含量的影响显著，菜地由于受高施肥量的影响，土壤养分的含量明显高于粮田(赵庚星等，2005)。地下水硝酸盐含量与菜地密切相关，地下水硝酸盐的含量在菜地明显高于稻田(Babiker et al.，2004)。中国农业科学院土壤肥料研究所的初步试验结果显示，水体污染严重的滇池、太湖、巢湖和三峡库区，占流域农田总面积15%～35%的菜果花农田，对流域水体富营养化的贡献率，接近或大大超过约占农田总面积70%的大田作物(张维理等，2004)。

集约化种植区的地下水污染程度远远大于常规种植区，集约化种植葡萄园地下水中的硝态氮含量平均值为11.2mg/L，是常规种植区平均值(1.35mg/L)的8倍，集约化种植区过量施肥增大了土壤硝态氮的淋失风险，对生态环境构成了潜在的污染威胁(徐力刚等，2012)。大田蔬菜生产中，硝态氮的淋溶是影响环境的主要过程，通过模拟模型对大田蔬菜收获后的氮损失进行实际估算，菠菜或韭菜地淋溶损失可能超过200kg/hm^2(Neeteson et al.，1999)。白菜和莴苣轮作中，硝态氮的渗漏是主要的氮素流失形式，硝态氮的渗漏占氮素总流失量的90%以上(Cao et al.，2005)。由于我国北方地区塑料大棚蔬菜生产的集约化，在当地传统农艺措施下，1m深的土壤剖面，硝态氮浓度为17～457mg/L，硝态氮的流失量为152～347kg/hm^2(Song et al.，2009)。我国东南地区的温室蔬菜地，每年轮换种植西红柿、黄瓜、芹菜，采用5个氮水平(0、348kg/hm^2、522kg/hm^2、696kg/hm^{2}和870kg/hm^2)进行施肥，当施肥量为522～870kg/hm^{2}时，氮流失量为196～201kg/hm^2，渗漏流失氮量占总流失量的71%～86%(Ju et al.，2011)。菜地土壤氮(尤其是NO_3^-—N)的淋溶损失量占总损失量的比例很大，因此菜地土壤氮的淋溶损失是菜地土壤氮素损失的最主要途径之一，在菜地土壤氮素面源污染治理时应重点关注(黄东风等，2009)。

菜地利用方式不同，施肥及灌水方式存在差异，氮在土壤中的残留量和肥料利用率将随之改变。张继宗等(2009)试验研究表明，土壤中露天菜地、设施蔬菜、果木、旱作大田作物、水作大田作物、水旱大田作物、菜稻轮作、水作蔬菜等不同类型农田沟渠水氮素含量差异大，汛期不同类型农田之间最大相差8倍，非汛期，达11倍。山东省寿光市不同土地利用方式下，设施菜地土壤全氮含量明显高于露天菜地，设施菜地土壤全氮含量与种植年限有显著相关性，先随种植年限的增加而增加，达到最高值时为8.9年，其后随种植年限的延长而下降(曾希柏等，2009)。滇池流域不同土地利用，土壤中养分含量也呈现出设施大棚大于平坝菜地的趋势(陈春瑜等，2012)。张乃明等(2006)研究认为，大棚土壤硝酸盐含量随深度的增加而减少，主要分布在0～40cm土层内；大棚土壤硝酸盐含量随着种植年限的增加而增加，种植年限3年的大棚是露地农田的1～5倍，种植年限6年以上的大棚是一般农田的10倍以上。王朝辉等(2002)通过对不同类型菜地和农田土壤的测定，在0～200cm土层菜地土壤硝态氮含量高于农田，0～200cm土层露天菜地土壤硝态氮总量为1358.8kg/hm^2，种植年限2年的大棚土壤为1411.8kg/hm^2，种植年限5年的大棚高达1520.9kg/hm^2，而一般农田土壤在0～200cm土层仅为245.4kg/hm^2，土壤硝态氮含量随土壤深度而降低，其下降速率因土层深度而异，0～60cm土层土壤硝态氮残留量降速最快，60～200cm的土层中降低速度较慢，呈逐渐下降趋势，不同类型菜地各土层的硝态氮残留量均高于农田。杜会英等(2010)对太湖和滇池流域的保护地进行研究发现，同类蔬菜种植在相同土壤的保护地上，随着种植年限的增加，化肥氮当季利用率显著下降，收获蔬菜后，化肥氮残留量在 0～20cm 土层显著高于 20cm 以下土层。

太湖流域农田土壤中 NO_3^-—N 累积量与渗漏水中氮素含量之间具有极显著的正相关关系，菜地和果园由于高施肥量的影响，氮在土壤和渗漏水中的含量均显著高于水田(宋科等，2009)。因此，大量的施肥导致氮在土壤中逐渐积累，当对蔬菜进行灌溉或自然降雨时，氮将渗漏到地下水中，导致地下水的污染(Bergstrom，1987)。

低氮利用效率和高硝态氮污染潜力是集约化蔬菜生产系统中的问题，作物生长期间，硝态氮淋失最明显的是灌溉(Jackson et al.，1994)。土壤硝态氮的淋洗率在 10%～40%之间变化，通常随施肥量的增加而增大，同时渗漏水量与淋洗氮量之间的相关性表现为显著相关(Cookson et al.，2000)。NO_3^-—N 在土体的分布情况：春季在 0～10cm 土层大量聚集，20cm 土层以下逐步减少形成倒三角形分布，到夏季时 NO_3^-—N 淋洗下移到 40～60cm 土层，形成上层少、中层多、下层少的棱形分布，到 8、9 月份 NO_3^-—N 进一步淋洗下移到 60cm 土层以下，形成上层进一步减少、下层增加的正三角形或梯形分布，可见 NO_3^-—N 淋洗时期主要是在 7、8 月份，硝态氮的淋洗随降雨量的增加而增加(陈子明等，1995)。降水主要影响 0～2m 土层的 NO_3^-—N 累积，而灌溉则可影响到 4m 或更深层次的 NO_3^-—N 累积。灌溉与旱地对 NO_3^-—N 的淋洗影响不同，0～140cm 土层旱地土壤的 NO_3^-—N 含量显著高于灌溉，140cm 以下土层土壤 NO_3^-—N 含量表现为灌溉明显高于旱地，因此，灌溉水将 NO_3^-—N 淋洗到根区以下很深的层次(袁新民等，2000)。降雨集中季节，NO_3^-—N 会被淋洗出 130cm 土体，淋洗氮量与同期降雨量表现为显著线性相关关系(袁锋明等，1995)。高降雨量和灌溉水将增加氮的淋溶(Sekhon et al.，1995)，生长季节较多的降雨使大量的硝态氮被淋至根区之外(Campbell et al.，1984)。灌溉不均匀性对硝态氮的移动影响较小(Allaire et al.，2001)，滴灌降低了氮素淋洗(樊兆博等，2011)。降雨比较集中的地区，无法控制自然条件，必须合理控制氮肥用量，并采取措施尽量减少雨季氮素淋失，如在雨季种植深根系作物可以加强对淋洗到土壤深层的氮素的吸收利用(汤丽玲等，2002)。因此，在自然条件降雨和灌水的影响下，土地利用导致施肥间的差异，氮的流失在不同区域将出现不同的变化。研究同一区域不同土地利用条件下氮流失的特征将对作物生产和环境污染治理具有参考价值。

已有研究表明，长期大量施用化肥不仅使 0～20cm 耕层土壤养分大量积累，20～40cm 土层养分也有不同程度的增加(Schwab et al.，1989)，蔬菜生长期间，施氮量高于专家推荐施肥量，硝态氮的渗漏达到 150～300kg/hm^2，无机氮在 0～60cm 土层达到 200kg/hm^2(Ramos et al.，2002)。施氮量高于 200kg/hm^2 的情况下，种植马铃薯的土壤氮素淋失量达 110kg/hm^2 以上，占施氮量的 51.0%～72.1%(Waddell et al.，2000)。滇池流域蔬菜花卉种植基地，随着施肥量的增加，氮的流失量不断增加，当施氮量(纯氮)达到 1200kg/hm^2 时，直接淋洗量和潜在淋洗量分别达到 79.5kg/hm^2 和 266.55kg/hm^2，直接淋洗量和潜在淋洗量分别是低施肥量(450kg/hm^2)的 2 倍和 3 倍多(胡万里等，2006)。氮肥用量的增加可引起土壤 NO_3^-—N 淋失量的增加(李永梅，1994)。保护地栽培条件下，0～100cm 土壤剖面硝态氮累积量随氮肥施用量的增加而增加，且与氮肥施用量显著正相关(张贵龙等，2009)。露地栽培条件下，氮肥用量增加，土壤剖面硝态氮残留量呈线性递增，渗滤池 1.3m 处的硝态氮淋失量呈指数增加(刘宏斌等，2004)。一季作物生长期间土壤NO_3^-—N 在米脂沙质土壤、杨陵重壤质塿土和汉中黏质水稻土中分别淋移至 200cm 以下、100cm 以下和 60cm 左右，NO_3^-—N 在 0～40cm 土层中的淋失量分别占施入氮量的 41%、31%和 15%。土壤NO_3^-—N 淋失深度和淋失量与施氮量、施氮技术、地面接水量、土地利用和土壤质地等密切相关(吕殿青等，1998)。

太湖地区的大棚生产条件，比习惯施氮量减氮 20%～40%，可以保证产量和较好的果实品质，大棚蔬菜生产采取节肥减氮措施具有很大的潜力(闵炬等，2009)。有学者利用有机肥替代化肥，优化减量施用，获得了较好的经济产量，减少氮的渗漏损失。张春霞等(2013)采用优化施肥种植春番茄，在无机氮素减少 240kg/hm^2 的条件下，春番茄产量和经济效益较常规施肥分别提高了 4.1% 和 4.5%，与常规施肥相比，优化施肥在大棚菜地敞棚期显著减少硝态氮的淋溶量。利用 N-Expert 系统计算 2 个优化施氮量，2 个优化施氮处理下蔬菜地(农民传统施肥：花椰菜为 450kg/hm^2，苋菜为 100kg/hm^2，菠菜为 309kg/hm^2) NO_3^-—N 平均淋洗量分别是传统施氮处理下蔬菜地 NO_3^-—N 平均淋洗量的 19%、18%、9% 和 13%、34%、21%(于红梅等，2007)。张学军等(2007)研究认为，宁夏引黄灌区滴灌条件下以温棚种植番茄，综合考虑番茄果实产量、氮肥利用率及土壤NO_3^-—N 残留等因素，秋冬茬番茄推荐氮肥用量在 100～200kg/hm^2 并配施适量的磷肥、钾肥，而冬春茬番茄氮肥推荐在 200～400kg/hm^2 可以满足当茬番茄对氮肥的需求。白菜基肥施用过程中，30%的化学氮肥用等氮量的精制有机肥替代，硝态氮的渗漏降低了 64.5%；莴苣施肥中，化学氮肥的 1/2 作基肥施用，追肥的 1/3 用等氮量的精制有机肥替代，硝态氮的渗漏降低了 46.6%(Cao et al.，2005)。设施栽培条件下，樊兆博等(2011)采用的滴灌施肥一体化与传统水肥管理模式相比，滴灌施肥一体化模式显著提高了番茄产量，全年增产 19.6%，净收益提高 33%，氮肥和灌溉用水量分别减少了 80%和 36%，显著降低了氮素淋洗。露地栽培条件下，汤丽玲等(2002)采用平衡方法推荐的水分和氮素，监测 5 季轮作蔬菜(苋菜-菠菜-花椰菜-苋菜-菠菜)的产量和土壤无机氮(N_{min})的变化，与传统相比，除花椰菜试验外，传统氮素处理与推荐的氮素处理在蔬菜产量上没有显著差异，但传统的氮素处理皆可导致深层土体中 N_{min} 的大量累积。传统灌溉措施条件下进行 4 季蔬菜轮作，氮处理造成不同程度的氮素流失，已达到了 50～180cm 土层深度；采用平衡方法推荐的水分和氮素处理组合，对不同土层深度中土壤中 N_{min} 残留数量影响不显著。同时有学者提出，地下水硝酸盐含量高，灌溉可以减少肥料施用量(De Paz et al.，2004；Jalali，2005)。因此，采取不同的措施减少氮肥施用量或用有机肥替代化肥，保证产量或增产的同时，均可降低氮素的淋失风险。滇池流域，农户盲目地大量施用化学肥料，平均每年每公顷菜地施用 N 1200～1600kg，P_2O_5 640～750kg，K_2O 600～675kg，是一般大田的 5～8 倍，是作物需求量的 8～10 倍，有机肥的施用量每公顷也高达 45000～60000kg(张乃明等，2006)。针对特高投入区域，无疑造成氮的大量流失，在其调控过程中，必须考虑土壤中氮的残留，以及灌溉水中氮的含量。

1.1.4 氮对农药残留的影响

化肥农药的施用在粮食增产中具有重要的作用，其作用超过 50%(方晓航等，2002；奚振邦，2004；金继运等，2006)。同时，化肥农药的不合理使用也导致了环境的污染(McAleese et al.，1971)。已有研究证实，施肥会对农药在土壤中的残留、降解及转化产生直接或间接的影响(Caracciolo et al.，2005；Wang et al.，2006；谢文军等，2008；王诗生等，2015)。目前，关于施肥对土壤中农药等有机污染物降解转化的影响国外报道较多，但是研究结果不尽一致(谢文军等，2009)。

氮素是构成一切生命体的重要元素，是微生物生长繁殖所必需的重要元素之一。土壤微生物是地球地表下数量最巨大的生命形式，大气中的氮可以通过微生物产生固氮作用。微生物量碳、氮可以储存土壤活性养分，为植物生长提供养分来源(Burger et al.，2003；王晓龙等，2006)。土壤中氮的转化与微生物活度的关系极为密切(Heal et al.，1975)，氮在转化、循环过程中需要微生物的作用。施肥种类的不同，微生物量将会发生改变(Inubushi et al.，2002)。大量试验证明，施用有机肥或有机-无机肥可提高土壤细菌、真菌和放线菌数量(Ndayegamiye et al.，1989；李东坡等，2004；刘恩科等，2008)，长期施肥及种植作物，均能提高土壤微生物量碳、氮含量，尤其是施用有机肥，土壤微生物量碳、氮含量高于单施无机肥的处理(臧逸飞等，2015)。研究采用 2 个灌溉模式(常规灌溉与控制灌溉)与 3 个水平施氮量(90kg/hm^2、180kg/hm^2 和 270kg/hm^2)对稻基农田土壤脲酶活性、土壤过氧化氢酶活性、土壤磷酸酶活性、土壤转化酶活性、土壤微生物量碳及土壤微生物量氮的影响，随着施氮水平增加，土壤脲酶活性和土壤微生物量氮增加，土壤过氧化氢酶活性、土壤磷酸酶活性、土壤转化酶活性、土壤微生物量碳、土壤微生物量碳与土壤微生物量氮的比值、土壤微生物熵均呈先增加后降低趋势(肖新等，2013)。李秀英等(2005)通过潮褐土长期施肥试验发现，与长期不施肥比较，长期单施一种化肥可以使土壤中微生物数量有一定程度的增加。荒漠草原施氮肥可以显著提高土壤中细菌、放线菌和真菌微生物种群数量，提高比例分别为 13.5%～427.6%、7.8%～88.2%和 16.7%～180.6%，施氮肥可以显著提高微生物量碳、氮，提高比例为 29.8%～110.8%和 51.2%～161.7%(郭永盛等，2011)。土壤肥力低或长期不施肥土壤，单施氮肥微生物量增加。Söderberg 等(2004)研究发现，施用不同肥料对微生物的影响不一样，施用尿素后土壤微生物群落多样性显著减少，而磷肥的施用对土壤微生物群落多样性影响不明显。

严君等(2010)对不同施肥方式研究认为，不同施氮量进行一次和分次施用，土壤细菌、微生物总数量均随施氮量的增加而下降；在 75kg/hm^2 和 150kg/hm^2 施氮水平下，与一次施氮相比，分次施氮各处理土壤微生物总数量分别增加了 30.3%和 6.3%；同一施氮水平下，分次施氮土壤脲酶和转化酶活性均高于一次施氮各处理，生物多样性指数表现为一次施氮高于分次施氮各处理。增施氮肥能一定程度提高土壤微生物量氮的含量，但未必增加土壤微生物量碳含量(罗兰芳等，2010)，长期施用化肥，尤其是无机氮肥，使土壤的 C/N 降低，加速了土壤中原有有机碳的分解，导致土壤中积累的有机碳总量较少(徐阳春等，2000)。氮量高时，单施化肥抑制微生物生物活性，降低了土壤微生物生物量。因此，一定范围内增施尿素能促进微生物数量的增加和产量的提高，当过量施用则情况相反(严君等，2010)。在氮素缺乏条件下，将抑制微生物的生长，植物很快吸收利用微生物分解后释放的氮，微生物量减少(庞欣等，2000)。土壤微生物生物量氮的活性与消长被认为是土壤氮素内循环的本质性内容(Mary et al.，1998)。土壤中的氮量缺乏时，施氮可以增加微生物量；当土壤中的氮丰富时，施氮会减小 C/N，加快微生物的分解，降低微生物量。因此，适量的氮有利于土壤微生物的积累。

农药造成的环境污染日益严重，微生物降解农药的研究越来越受到重视(朱福兴等，2004)。施肥既会促进某些农药的降解，也会抑制另一些农药的降解，蔡全英(2006)等研究发现施用化肥提高了污泥 2,4-二硝基甲苯的生物有效性，导致土壤中 2,6-二硝基甲苯的累积。不同的施肥模式会影响土壤微生物的量、活性及种群组成(Böhme et al.，2005)。当土壤肥力低、氮源不足时，施入氮肥会加快微生物的生长和活动，促进农药的降解。McGhee 等(1995)试验研究发现施用硝酸铵可以促进 2,4-D 降解，28d 后，施氮处理比对照组增加了近 2.5 倍。张超兰等(2007)采用实验室培养方法研究莠去津污染的 3 种不同土壤(淡涂泥田、青紫泥田和黄筋泥田)，施用无机氮肥和磷肥可以促进土壤中莠去津的消解，不同处理中莠去津的消解速度为：氮磷肥配施(ANP 处理)＞单施氮肥(AN 处理)＞单施磷肥(AP 处理)＞不施肥料的处理(A 处理)。王军等(2007)采用室内培养法研究莠去津在长期定位施肥处理土壤中的降解动态，NPK 肥和有机肥的施入明显加快了莠去津在土壤中的降解，影响莠去津在土壤中降解的主要因素是碱解氮和有机质含量，即碱解氮和有机质含量越高的土壤，莠去津的降解半衰期越短。因此，无机氮的施入对 2,4-D 和莠去津的降解有促进作用。

有研究表明，施用氮肥尤其是无机氮肥，农药降解会受到抑制(Abdelhafid et al.，2000)。谢文军等(2008)通过对长期不同施肥处理的研究发现，土壤中速效氮含量与氯氰菊酯半衰期呈显著负相关，长期偏施氮肥可提高土壤中速效氮的含量，从而显著降低氯氰菊酯在土壤中降解速度。Caracciolo 等(2005)研究发现施用尿素后土壤中特丁津及其代谢产物的降解速度会显著降低。长期施肥对土壤中的五氯酚消解有显著的影响，无论在好氧还是厌氧条件下，长期施有机肥的处理，土壤中五氯酚的消解显著高于 CK，而氮处理和 CK 之间并没有显著差异(王诗生等，2009)。氮肥施用对农药残留降解的抑制作用，其实质是微生物在利用碳源、氮源及能源时，由于氮肥的施用，使微生物优先利用容易吸收的氮源(氮肥提供)，这是微生物能对附近容易吸收的养分做出快速反应并迅速吸收的现象(Farrell et al.，2014)，只有当这些容易吸收的养分成为其生长限制因素时，微生物才转向残留的不好利用的农药。另外，氮肥施用后会增加土壤溶液中盐离子的浓度，导致溶液渗透势降低，微生物的活性减弱。Entry(1999)研究发现施入大量氮肥后，会使土壤中的细菌数量降低，Trevors(1984)也曾报道土壤氮含量过高能抑制土壤脱氢酶的活性。这与氮对微生物的影响研究相一致，通过改变微生物碳源，使土壤的 C/N 降低，加速了土壤中原有有机碳的分解，抑制微生物的活性，从而抑制农药的降解。

精甲霜灵(Metalaxyl-M)[N-(2,6-二甲基苯基)-N-(甲氧基乙酰基)-丙胺酸甲基酯]，又称高效甲霜灵，是甲霜灵两个异构体中的一个，即 *R*-甲霜灵，属于苯甲酰胺类农药，是一种被广泛使用的杀菌剂，可以有效防治作物的病原性真菌性病害(谢克和等，1992)。精甲霜灵具备甲霜灵等苯甲酰胺类杀菌剂的抑菌作用机制，同时具有独特的手性结构，增强对病原菌细胞膜结构的影响，提高杀菌剂与靶标位点的亲和性，比外消旋体具有更高的杀菌活性(刘西莉等，2003)。精甲霜灵是Novartis公司开发面市的首个光活性杀菌剂，主要是甲霜灵中的*R*构型，随着手性合成技术的发展，具有光学活性的农药品种将在市场上占有越来越重要的地位(Schaefer，2004)。农业生产中，精甲霜灵可以用作茎叶处理、种子处理和土壤处理等，用于防治致病疫霉菌和腐霉病菌(Houseworth，1987)。

施药次数将影响甲霜灵在高尔夫球场草坪根系层和淋溶水中的残留浓度，随着施药次数的增加，草坪根系层和淋溶水中甲霜灵的残留会发生累积(常智慧等，2005)。精甲霜灵在烟叶中的消解较快，半衰期为1.2～1.5d；而在土壤中相对较慢，半衰期为6.39～12.77d(曹爱华等，2007)。精甲霜灵在马铃薯植株和土壤中的半衰期分别为1.0～3.7d和10.5～11.2d(丁蕊艳等，2008)。精甲霜灵在西瓜和土壤中半衰期为3.2～3.5d和9.0～10.7d(陈莉等，2010)。因此，精甲霜灵在不同作物和土壤中的降解速率各不相同，在植物中的降解速率大于土壤。甲霜灵的残留浓度与施用量有关，施用量越大，残留浓度也越大(方晓航等，2002)。Bailey 等(1986)研究发现微生物在没有其他物质为能源的条件下，是不能对精甲霜灵起降解作用的，而添加了蔗糖后微生物就能把精甲霜灵作为能源物质来进行代谢。因此，当微生物发生改变以后，精甲霜灵的降解或残留将发生改变。同时，施用精甲霜灵将对微生物产生影响，氮肥的施用将影响微生物的群落结构，从而影响精甲霜灵的残留。

1.2 研究内容及技术路线

1.2.1 研究内容

氮素的径流流失和渗漏流失，将导致水体富营养化严重，地下水硝酸盐超标，湖泊和河流水质恶化。滇池流域面源氮、磷进入湖泊污染负荷的贡献率已超过50 %(程文程等，2008)，采取不同农艺措施和土地利用方式控制氮的径流和渗漏损失，可有效降低水体污染的负荷。坡耕地面积大，径流的发生与自然降雨密切相关，利用不同农艺措施减少坡面径流的产生，从而减少土壤侵蚀和氮的流失。集约化种植菜地，由于土地利用方式的不同，雨水或灌溉水对菜地的淋洗不一样，氮的流失将随之改变。无论是坡耕地，还是集约化菜地，氮流失会导致氮的积累或减少，氮的增减变化将会影响土壤微生物的改变，从而影响农药在土壤中的残留或药效，形成相互利用机理，减轻氮和农药对环境的负荷。本研究旨在阐明不同农艺措施和土地利用方式对氮素流失的控制及影响，以及氮对农药(精甲霜灵)残留的影响，为农田氮流失的控制和施肥对农药降解的影响提供理论依据。本书的研究内容主要包括：

(1)稻草编织物覆盖对坡耕地径流、土壤侵蚀、氮流失及土壤物理性质的影响；

(2)玉米间作大豆对坡耕地径流、土壤侵蚀、氮流失及土壤物理性质的影响；

(3)集约化菜地不同土地利用方式对不同层次土壤氮的渗漏及形态的影响，以及氮渗漏随季节性的变化；

(4)施用化肥、有机肥对集约化菜地氮流失的原位模拟；

(5)化学氮肥对土壤中精甲霜灵残留的影响，以及微生物对化学氮肥和精甲霜灵的响应。

1.2.2　技术路线

技术路线如图 1-1 所示。

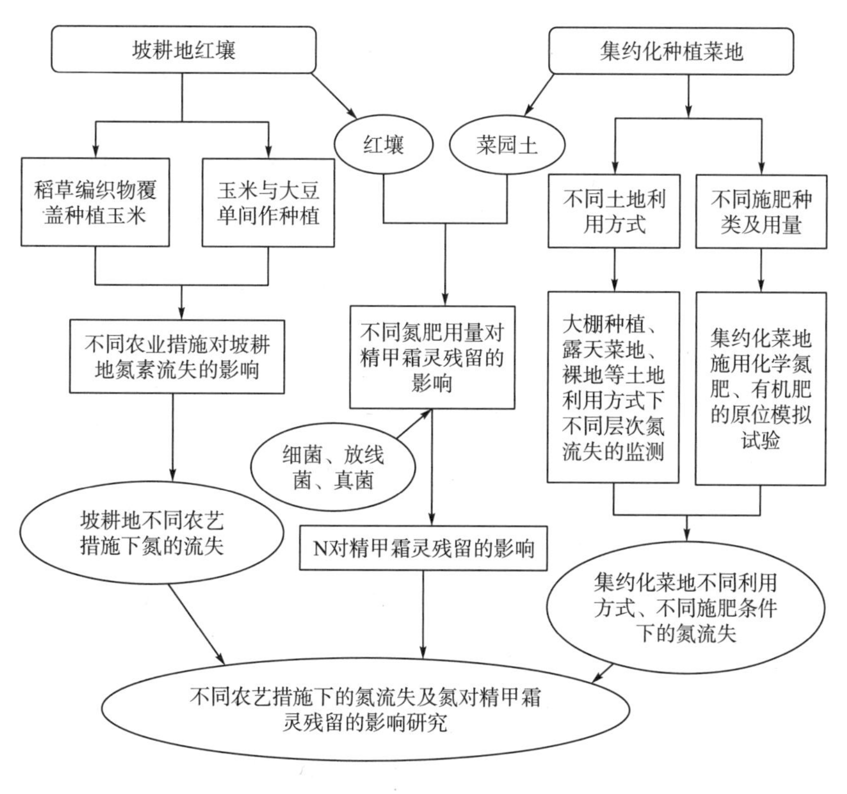

图 1-1　技术路线图

第2章 研究方法

农业面源污染引起的水体富营养化越来越备受关注，氮是造成水体富营养化的关键因子之一。氮在农业生产中的需要量最大，而利用效率低，从而导致大量的氮进入环境，造成环境污染(Keeney，1982)。中国水土流失面积达 $179\times10^4km^2$，每年流失表土 50×10^8t，流失 N、P、K 有效养分约 1000×10^4t(欧阳喜辉等，1996)。中国农田生态系统中仅化肥氮的淋洗和径流损失量每年达 1.74×10^6t，长江、黄河和珠江每年输出的溶解态无机氮(NO_3^-—N＞80%)达到 0.975×10^6t(Shuiwang et al.，2000)。径流流失和渗漏流失是农田氮素损失的基本途径，控制氮素径流和渗漏损失，减少氮进入湖泊和河流，降低氮在湖泊和河流中的负荷具有重要意义。

农耕地中径流多发生于坡耕地，而渗漏主要在平坝地区域产生。彭琳等(1981，1994)对黄土高原旱坡地研究中发现，作物根系深度在2.2～2.7m，有作物生长条件下，土壤 NO_3^-—N 向下距离为1.15～1.50m，很少超过2m，作物生长时旱坡地不会有氮养分的淋失。因此坡耕地氮的流失以径流冲刷流失为主。Ju 等(2011)对中国东南地区的温室蔬菜地进行研究，认为每年轮换种植西红柿、黄瓜、芹菜，采用 5 个氮水平(0、348、522、696 和 870kg/hm^2)进行施肥，当施肥量为 522～870kg/hm^2 时，氮流失量为 196～201kg/hm^2，渗漏流失氮量占总流失量的 71%～86%。菜地土壤氮(尤其是 NO_3^-—N)的淋溶损失量占总损失量的比例很大，因此菜地土壤氮的淋溶损失是菜地土壤氮素损失的最主要途径之一(黄东风等，2009)。因此，本研究选取氮素流失途径最大的 2 种农耕地，即坡耕地和集约化菜地研究氮的流失及其控制途径，建立合理的农作措施或土地利用方式，以期减少氮对水体及环境的污染负荷。

化肥农药的大量施用，势必加大土壤中氮素的流失与积累。土壤中氮的流失与积累，将影响微生物对氮源的利用，改变微生物的群落结构，从而影响农药的残留或药效，减轻氮和农药对环境的负荷。集约化菜地为了获取较大的利益，不仅大量施用化肥，同时大量施用农药。精甲霜灵是甲霜灵两个异构体中的一个，即 *R*-甲霜灵，属于苯甲酰胺类农药，是当前使用最为广泛的一种杀菌剂，对作物的病原性真菌防治有较好的效果(谢克和等，1992)。滇池流域集约化菜地蔬菜栽培中，为了获取较大的利益，精甲霜灵施用的浓度和用量远超过推荐使用量，提高了高效低残农药在土壤中的浓度及残留时间，从而导致作物吸收量增加，危害人畜安全。本研究以氮流失为契机，研究过量施肥或氮的流失是否会影响精甲霜灵在土壤中的残留，提升或降低药效，甚至减轻精甲霜灵在土壤中的负荷；揭示施用氮肥对精甲霜灵残留的影响程度，为建立科学施用化肥、农药的环境友好型农业提供参考。

本研究以氮为切入点，有针对性地选择云南典型的坡耕地和集约化菜地，研究氮的径流和渗漏损失，以及土壤氮的变化对农药降解的影响。氮的径流损失以坡耕地为研究对象，探索不同农艺措施控制坡耕地氮流失的影响因素；氮的渗漏流失以集约化菜地为研究对象，研究不同土地利用方式和施肥对氮淋溶(渗漏)的影响；通过施肥使土壤中的氮发生变化，研究坡耕地红壤、集约化菜园土中精甲霜灵的残留变化，分析影响精甲霜灵降解或残留的因素。本研究为有效控制氮的流失、减少环境污染负荷、建立科学施用化肥农药的环境友好型农业提供理论基础。

2.1　稻草编织物覆盖对坡耕地氮流失研究

本试验在云南农业大学后山农场水土保持试验小区进行，经纬度 N 24°58′35.8″、E 102°40′10.3″，海拔 1950m。供试土壤为山原红壤，质地为轻黏土。供试土壤的基本理化性质见表 2-1。

表 2-1　供试土壤的基本理化性质

pH	有机质 (g/kg)	全氮 (g/kg)	碱解氮 (mg/kg)	速效磷 (mg/kg)	速效钾 (mg/kg)	<0.01mm 土粒的含量(%)
5.89	38.55	0.89	96.82	6.34	189.74	73.27

种植农作物为玉米(云瑞 8 号)，田间种植密度为 54000 株/hm^2，采用双垄等高宽窄行种植，宽行距 120cm，窄行距 35cm，株距 45cm。2007～2012 年，每年 5 月进行种植，9 月底或 10 月初进行收获。氮肥施用量为尿素(含 N 46.3%) 800kg/hm^2，分 3 次进行施用；基肥为尿素，300kg/hm^2；拔节期追肥，尿素 200kg/hm^2；抽穗期追肥，尿素 300kg/hm^2。磷肥为普通过磷酸钙(含 P_2O_5 12%)，全部作底肥一次性施用，施用量为 450kg/hm^2。玉米播种或苗期进行适时浇水，拔节期和抽穗期进行中耕除草和施肥，大喇叭口期和抽穗期，施用“乐果”(375mL/hm^2)对玉米螟虫进行防治。

2.1.1　试验设计

种植玉米试验设 2 个处理，即覆盖稻草编织(MC)与不覆盖(CK)。小区面积为 10m×4m，坡度为 10°，每个处理设 3 个重复，稻草编织物覆铺设于宽行间，每公顷用量为 13500 个草垫，折合草重为 6750kg/hm^2。稻草编织物采用稻草先编织或拧成绳状，再编织成网状结构，绳状结构直径为 1.2～1.4cm，网状结构的网格大小为(4～6) cm×(4～6) cm，制成 50cm×50cm 规格的草垫，每个垫子有 100 个网眼，质量约为 500g。径流小区整体设计图如图 2-1 所示。

2.1.2 测定方法

水土保持试验小区安装 DSJ2 型虹吸式雨量计和普通雨量器，5 月种植玉米之后，每天定时更换记录纸(每天上午 9：00)，从记录纸准确读取降雨强度、降雨历时，同时测定 DSJ2 型虹吸式雨量计和普通雨量器中储水瓶中的降雨量。

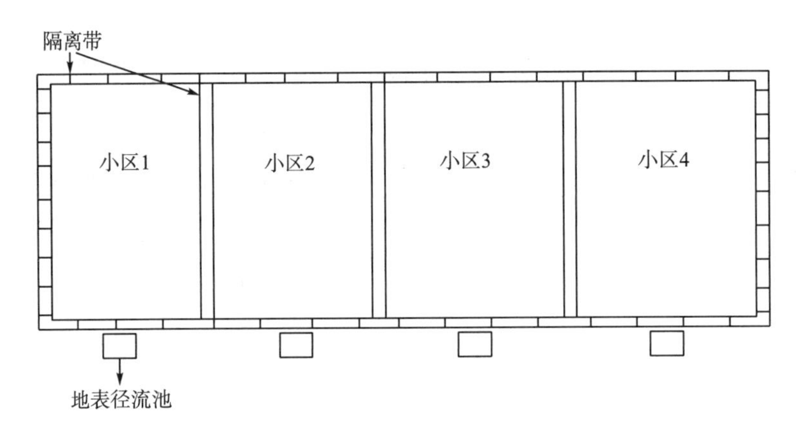

图 2-1 径流小区整体设计示意图

玉米生长期，降雨发生，适时观察每次降雨产生的径流量，收集各小区所产生径流及泥沙，量取收集塑料桶的体积计算径流量。当遇强大暴雨时，及时更换塑料桶。泥沙含量的测定，将桶内的径流充分搅拌均匀，分上、中、下层共取水样 300mL，用滤纸进行过滤，置于 105℃的烘箱中烘 24h，冷却称取泥沙质量，计算含沙量，从而计算土壤侵蚀量。与此同时，测定径流和泥沙样品中的含 N 量，计算径流中的全 N 量和侵蚀土壤中的全 N 量，径流水样全 N 采用碱性过硫酸钾消解-紫外分光光度法测定，径流泥沙全 N 采用半微量开氏法测定。收获时测定玉米产量及生物量。

2.2 间作对坡耕地氮流失研究

本试验在云南农业大学后山农场水土保持试验小区进行，经纬度 N 24°58′35.8″、E 102°40′10.3″，海拔 1950m。供试土壤为山原红壤，质地为轻黏土。供试土壤基本理化性质见表 2-2。

表 2-2 供试土壤基本理化性质

有机质(g/kg)	pH	全氮(g/kg)	碱解氮(mg/kg)	速效磷(mg/kg)	速效钾(mg/kg)	<0.01mm 土粒的含量(%)
32.39	6.15	0.84	107.8	4.34	82.36	73.27

供试作物为玉米(云糯 6 号)，大豆为甜脆毛豆王(凯旋 999)。采用等高种植，采取玉米单作、大豆单作、玉米间作大豆的种植模式。2013 年玉米和大豆单间作采用相同的行株距 45cm×36cm，间作采用 2∶2 的种植模式。玉米单作、间作的密度分别为 60000 株/hm^2 和 30000 株/hm^2；大豆单作、间作的密度分别为 120000 株/hm^2 和 60000 株/hm^2。2014 年单作玉米采用宽窄行种植，宽行距 80cm，窄行距 40cm，株距 25cm，种植密度 66660 株/hm^2；单作大豆行株距为 40cm×20cm，种植密度 250000 株/hm^2。间作采用 2∶2 的种植模式，玉米宽行距 135cm，窄行距 35cm，株距 20cm，密度为 58800 株/hm^2；在玉米宽行距种植大豆，玉米与大豆间行距为 50cm，大豆间行距为 35cm，株距为 15cm，密度为 156800 株/hm^2。2013～2014 年 5 月播种，玉米每塘播 2 粒，大豆每塘播 3～4 粒，出苗后进行间苗，玉米留 1 株，大豆留 2 株，9 月收获。

施肥及田间管理。2013 年玉米施 N 225kg/hm^2、P_2O_5 90kg/hm^2 和 K_2O 112.5kg/hm^2；2014 年玉米施 N 240kg/hm^2、P_2O_5 120kg/hm^2 和 K_2O 120kg/hm^2。磷肥和钾肥一次性作为底肥施用，氮肥的 1/2 作为底肥施用，剩余的 1/2 在玉米大喇叭期作为追肥施用。2013～2014 年大豆施 N 60kg/hm^2、P_2O_5 120kg/hm^2 和 K_2O 120kg/hm^2，全部作为底肥施用。在玉米和大豆的整个生长期内，根据试验小区的具体情况进行浇水、中耕、除草及病虫害防治等相关管理。

2.2.1　试验设计

试验设 4 个处理，分别为玉米单作(MM)、大豆单作(MS)、玉米大豆间作 MIS(间作玉米 IM，间作大豆 IS)和裸地(CK)，每个小区坡度为 10°，面积为 10m×4m。每个处理重复 3 次。裸地只是按种植作物进行中耕除草和管理，其余时间杂草生长不进行专门铲除，不施用肥料。

2.2.2　测定方法

水土保持试验小区安装 DSJ2 型虹吸式雨量计和普通雨量器，5 月种植玉米之后，每天定时更换记录纸(每天上午 9：00)，从记录纸准确读取降雨强度、降雨历时，同时测定 DSJ2 型虹吸式雨量计和普通雨量器中储水瓶中的降雨量。

玉米和大豆生长期，降雨发生，适时观察每次降雨产生的径流量，收集各小区所产生径流及泥沙，量取收集塑料桶的体积计算径流量。当遇强大暴雨时，及时更换塑料桶。泥沙含量的测定，将桶内的径流充分搅拌均匀，分上、中、下层共取水样 300mL，用滤纸进行过滤，置于 105 ℃的烘箱中烘 24h，冷却称取泥沙质量，计算含沙量，从而计算土壤侵蚀量。与此同时，测定径流和泥沙样品中的含 N 量，计算径流中的全 N 量和侵蚀土壤中的全 N 量，径流水样全 N 采用碱性过硫酸钾消解-紫外分光光度法测定，径流泥沙全 N 采用半微量开氏法测定，碱解氮的测定采用碱解扩散法。土壤容重：采用环刀法测定。土壤水稳性团聚体：采用湿筛法。

玉米叶面积指数的测定：种植玉米的各试验小区，选取长势均匀具有代表性的植株，分坡位(上坡、中坡、下坡)进行选择，每个坡位选取 2 株，定期(约 15～20d 测定 1 次)利用直尺量取每株各叶片的叶长(L_{ij})和最大叶宽(W_{ij})，利用式(2-1)计算叶面积指数(leaf area index，LAI)(麻雪艳等，2013)。

$$\text{LAI} = 0.75\rho \frac{\sum_{i=1}^{m}\sum_{j=1}^{n} L_{ij} \times W_{ij}}{m} \tag{2-1}$$

式中，0.75——校正系数；

n——第 j 株玉米的总叶片数；

L_{ij}、W_{ij}——分别为第 i 株玉米的第 j 片叶片的长度和最大宽度；

m——测定玉米株数；

ρ——玉米种植株密度。

大豆叶面积指数采用长宽系数法进行测量。测定时间与玉米测定时间一致，选取长势均匀、具有代表性的植株，利用直尺量取大豆植株全部叶片的叶长 a(不含叶柄)和最大叶宽 b，根据取样面积 S_1 用式(2-2)计算出大豆叶面积指数(张荣霞，2013)。

$$\text{LAI} = \frac{a \times b \times \omega}{S_1} \tag{2-2}$$

式中，ω 取 0.7296。

收获玉米和大豆时进行农艺性状及产量的测定，玉米农艺性状测穗长、穗粗、穗鲜重、穗干重、千粒重，大豆农艺性状测株高、豆荚鲜重、豆荚干重、单株荚数、空荚数和百粒重。同时对每小区的 15 棵样株进行考种，计算各小区理论产量和实际产量：

$$\text{理论产量}(\text{kg/hm}^2) = \text{每公顷穗(株)数} \times \text{每穗(株)粒数} \times \text{千粒重(g)}/10^6 \tag{2-3}$$

$$\text{实际产量}(\text{kg/hm}^2) = \text{样点粒(kg)}/\text{样点株数} \times \text{每公顷株数} \tag{2-4}$$

间作常用土地当量比(land equivalent ratio，LER)衡量间作的优势，土地当量比可通过单间作的产量比进行计算，计算公式如下：

$$\text{LER} = Y_{\text{Aic}}/Y_{\text{Asc}} + Y_{\text{Bic}}/Y_{\text{Bsc}} \tag{2-5}$$

式中，Y_{Aic}、Y_{Bic}——分别代表间作作物 A 和作物 B 的籽粒产量；

Y_{Asc}、Y_{Bsc}——分别代表单作作物 A 和作物 B 的籽粒产量。

当 LER＞1 时，说明间作有优势；当 LER＜1 时，表明间作无优势。

2.3 不同土地利用方式对土壤氮流失的研究

呈贡和晋宁是昆明蔬菜、花卉集约化种植区，选取蔬菜和花卉种植较多的呈贡大渔乡和晋宁新街镇作为研究区。调查农户种植蔬菜和花卉的情况，调查内容包括农田基本信息、种植作物、田间管理、施肥状况、灌溉水等，作为选择氮素流失监测点的重要依据。

监测点选择不同的土地利用方式，代表不同土地利用条件类型，土地利用类型必须具有大棚蔬菜、大棚花卉、露天菜地和裸露闲置地。监测点从南向北选择，分布在呈贡大渔乡和晋宁新街镇。大渔乡有太平关、大渔、王家庄、李家边、大河口等 5 个村，新街镇有宋家营沙河南片、宋家营沙河北片(3 个)、新街西门等 5 个监测点(图 2-2)。选取 10 个监测点分为 3 种土地利用类型，即裸露闲置地(BL)、露天菜地(OV)和大棚菜地(GC)(表 2-3)。

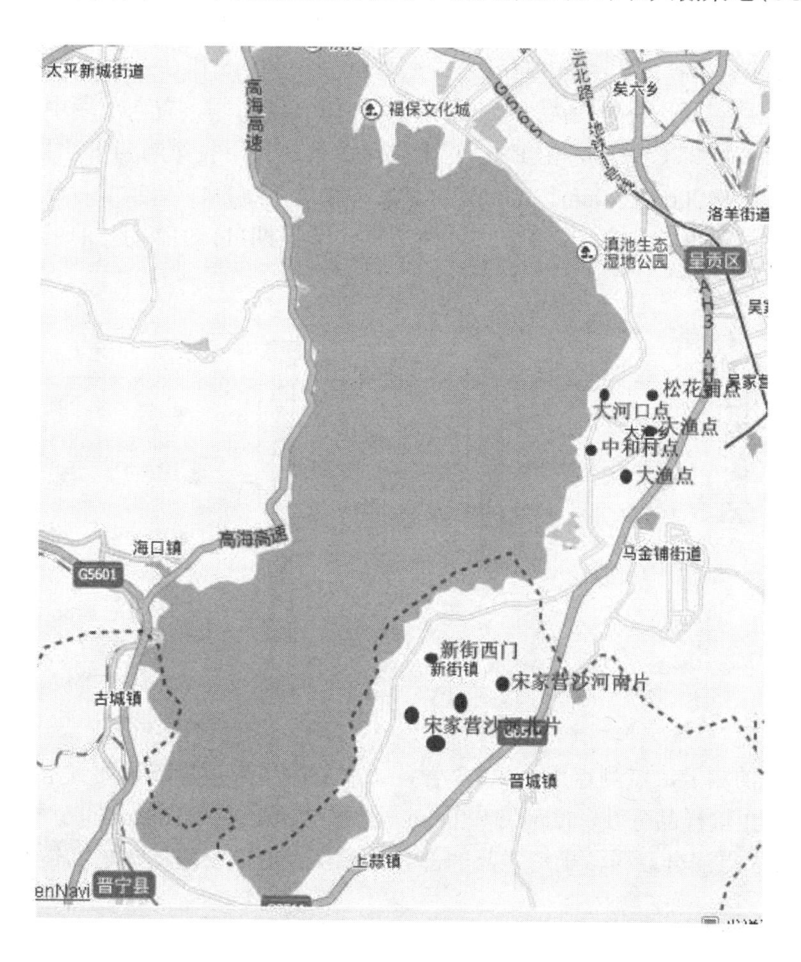

图 2-2　监测点分布图

表 2-3　10 个农田监测选取点基本信息

土地利用方式		地点	面积(m²)	轮作
裸露闲置地	棚间(BL1)	中和村	—	—
	荒地(BL2)	大渔	—	—
	棚间(BL3)	宋家营沙河北片	—	—
露天菜地	蔬菜(OV1)	松花铺	1000	生菜
	蔬菜(OV2)	宋家营沙河南片	670	香菜-小葱-小白菜
	蔬菜(OV3)	新街西门	1000	生菜-瓢菜-小白菜
大棚菜地	设施花卉(GC1)	大河口	335	玫瑰
	设施蔬菜(GC2)	大渔	200	西芹-瓢菜-小白菜-西芹
	设施蔬菜花卉(GC3)	宋家营沙河北片	200	西芹-勿忘我
	设施花卉(GC4)	宋家营沙河北片	200	食用玫瑰

2.3.1 试验设计及采样

试验利用 PVC 管采集土壤中深度为 0～20cm、0～40cm 和 0～100cm 土层的渗漏水，PVC 管的两端可封闭。将直径为 110mm 的 PVC 管一端封闭，置入土壤中在相应深度土层打孔，使水渗入 PVC 管中，由 PVC 管土层深度下部封闭收集渗漏水(图 2-3)。水样采集分别抽取距地表 20cm、40cm、100cm 的 PVC 管中的渗漏水，每次采样将水抽空，取混合样进行分析。汛期(5～10 月)每个月采样 2 次，非汛期(11～12 月、1～4 月)每个月采样 1 次。

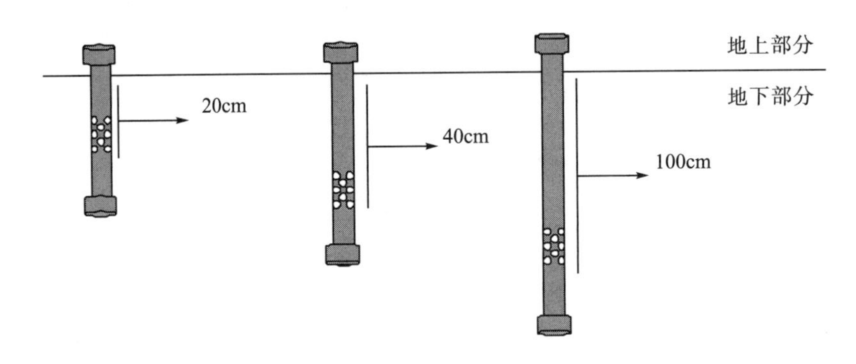

图 2-3 PVC 管采样示意图

地下水位的测量，监测点置入 PVC 管，每次监测用米尺量取地面到水面的距离，即为地下水位。土壤样品分 0～5cm、5～20cm、20～40cm、40～100cm 四个层次进行采集，采用“S”形 5 点混合取样，土壤样品一部分冰冻保存测定土壤硝态氮和铵态氮，一部分风干测定全氮。

2.3.2 测定方法

水样测定总氮采用碱性过硫酸钾氧化-紫外分光光度法；铵态氮测定采用靛酚蓝比色法；硝态氮测定采用紫外分光光度法。土壤全氮采用半微量开氏定氮法；土壤硝态氮采用 KCl 浸提，紫外分光光度法；土壤铵态氮采用 KCl 浸提，靛酚蓝比色法。

2.4 不同施肥种类对土壤氮流失的研究

本试验采用移动分体式模拟降雨器(一种土壤渗漏液、径流液收集装置，专利号：ZL200620167515.1)，该装置由四部分组成：降雨器、土柱桶、给水装置及采集装置(图 2-4)。土柱桶为直径 30cm、高 30cm 的 PVC 管，侧壁在 5cm、25cm 处有直径为 3cm 的两个孔，分别用于收集径流液或渗漏液。降雨器亦为直径 30cm、高 30cm 的 PVC 管，距上端 10cm

处有一降雨筛，降雨筛密度分两种，分别实现两种雨强要求。用水箱、连通器和控水阀组成给水装置。水箱用来贮水，采用控水阀控制水箱中的水进入模拟降雨器中的水量。采用有孔胶塞连接橡胶管进行收集采样，用聚乙烯瓶收集水样。试验降雨用水为试验室分析用去离子水。

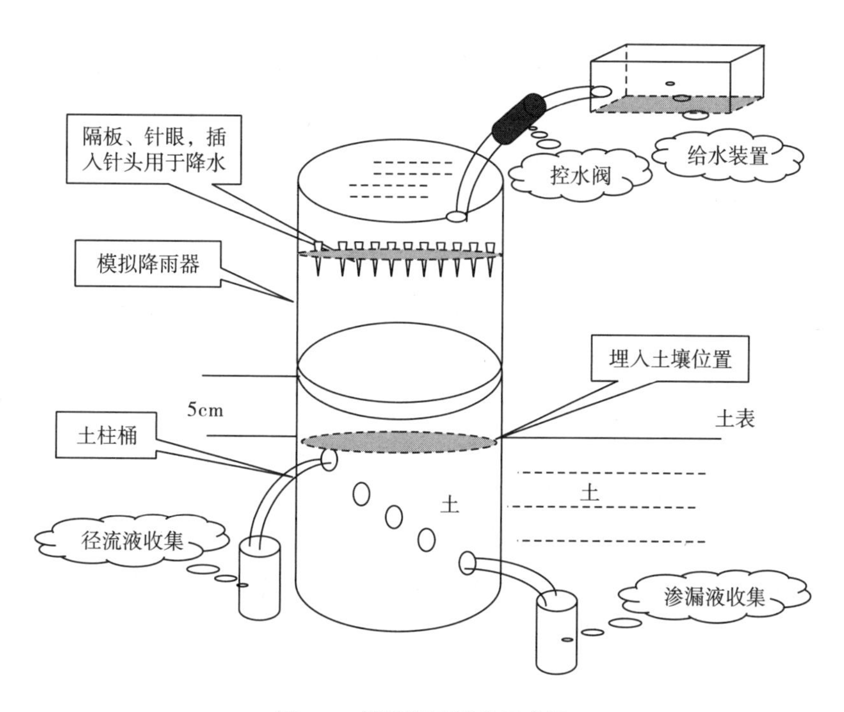

图 2-4　模拟降雨设备示意图

2.4.1　试验设计

1.化肥对氮流失的原位模拟

试验处理：试验选取晋宁区新街镇露地种植蔬菜的土壤（N 24°44′28.2″，E 102°44′04.1″），土壤为菜园土，质地为壤质黏土。施用化学肥料为尿素(含 N 46.4%)，云南云天化股份有限公司生产。试验设 4 个处理，氮素施用量分别为 0kg/hm^2(T1)、935kg/hm^2(T2)、1580kg/hm^2(T3)和 2225kg/hm^2(T4)。土柱采样前，即模拟降雨前对土柱桶小区 5 点采样，取 0～5cm、5～20cm 混合土样。

土壤采集：采集土壤样品分成两份，一份用于测定土壤含水量，一份用于测定土壤硝态氮的含量和铵态氮的含量。土壤含水量测定样品处理采用自然条件下风干，过 100 目和 20 目筛后保存土样。土壤硝态氮和铵态氮含量测定样品处理采用鲜样，过筛之后，用 2mol/L 氯化钾在离心机中进行提取，取上清液进行测定。若不能及时处理，将鲜样用封口塑料袋密封后，放在−4～0℃冰箱保存，测定之前进行化冻处理。供试土壤基本性质见表 2-4。

表 2-4 供试土壤基本性质

土层深度(cm)	全氮(g/kg)	NH_4^+—N(mg/kg)	NO_3^-—N(mg/kg)	有机质(g/kg)	pH
0～5	1.62	30.58	203.58	19.94	7.2
5～20	1.16	33.21	362.23	18.53	7.3

水样采集：试验将土柱桶缓慢砸入土体 25cm，按 4 个试验处理进行尿素的施用，施用尿素与 20cm 土层混合均匀，平整表面。将模拟降雨器置于土柱桶正上方，连接水箱开始降雨。降雨筛密度大(雨强 120mm/h)的模拟降雨器用于测定模拟试验中的渗漏，用有孔橡胶塞连接距地表 25cm 的渗漏孔，收集渗漏液，另外 3 个孔用橡胶塞封住。降雨筛密度较小(雨强 40mm/h)的模拟降雨器用于测定模拟试验中的径流，用有孔橡胶塞连接与地表相齐平的孔收集径流液，另 3 个孔用无孔橡胶塞封住。渗漏和径流水样的收集均使用 250mL 聚乙烯瓶，集满一瓶为一个样本，记录每个样品收集始末时间，以及降雨过程始末时间。降雨用水为去离子水。

2.有机肥对氮流失的原位模拟

试验处理：试验选取呈贡区大渔乡(花卉地)，花卉地距离滇池约 800m，土壤为菜园土，质地均为粉砂质黏壤土。有机肥为当地农民常用的猪粪(含水量为 33.46%，含氮量为 46.7%)，试验设 5 个处理，有机肥用量为 0t/hm^2(M1)、15 t/hm^2(M2)、30 t/hm^2(M3)、75t/hm^2(M4)和 150 t/hm^2(M5)。土柱采样前，即模拟降雨前对土柱桶小区 5 点采样，取 0～5cm、5～20cm 混合土样。供试土壤基本性质见表 2-5。

表 2-5 供试土壤基本性质

点位	土地利用方式	土层深度(cm)	全氮(g/kg)	速效磷(mg/kg)	有机质(g/kg)
呈贡大渔	花卉	0～5	2.1	111.3	33.5
		5～20	2.0	103.5	30.1

土壤采集：与化肥对氮流失的原位模拟的土壤采集方法相同。

水样采集：与有机肥对氮流失的原位模拟的水样采集方法相同。

2.4.2 测定方法

土壤样品的测定：土壤全氮采用凯氏定氮法；土壤硝态氮用 2mol KCl 溶液浸提，紫外分光光度计比色法；土壤铵态氮采用 2mol KCl 溶液浸提，靛酚蓝比色法；土壤含水量采用烘干法，105～110℃条件下，烘 8h 称重计算含水量。

水样的测定：采用碱性过硫酸钾氧化-紫外分光光度法测定总氮；水溶性总氮采用中速定性滤纸过滤，碱性过硫酸钾氧化-紫外分光光度法；铵态氮采用中速定性滤纸过滤，靛酚蓝比色法；硝态氮采用加活性炭中速定性滤纸过滤，紫外分光光度法。

2.4.3　计算方法

氮浓度计算公式：

$$C=\sum V_i \times C_i / \sum V_i \qquad (i=1,2,\cdots) \tag{2-6}$$

式中，C——渗漏液或径流液中氮的平均浓度，mg/L；

C_i——每次测定的渗漏液或径流中氮的浓度，mg/L；

V_i——每次测定的渗漏液或径流流失对应的出水量体积，L。

氮流失量计算公式：

$$\text{氮流失量}=C_{\mathrm{N}} \times V / 1000000 \times 10000 / (\pi r^2) \tag{2-7}$$

式中，C_{N}——渗漏液或径流液中氮的浓度，mg/L；

V——渗漏流失或径流流失对应的出水量体积，L；

r——模拟降雨装置土柱桶的半径，m；

1000000——由毫克(mg)换算为千克(kg)的换算系数；

10000——由公顷(hm^2)换算为平方米(m^2)的换算系数。

模拟降雨，时间短，可不考虑雨期蒸发，本模拟试验应用 Kostiakov 公式计算各时段的产流强度和降雨平均入渗率(雷志栋，1988)。

产流强度：

$$\mathrm{VR}=10 \times R_{\mathrm{u}} / (St) \tag{2-8}$$

式中，VR——产流强度，mm/min；

R_{u}——产流量，mL；

S——受雨面积，cm^2；

t——降雨历时，min。

平均入渗率：

$$r=i_{\mathrm{R}} \times \cos a - \mathrm{VR} \tag{2-9}$$

式中，r——平均降雨入渗率，mm/min；

i_{R}——降雨强度，mm/min；

a——地表坡度，(°)；

VR——产流强度，mm/min。

2.5　氮对精甲霜灵残留的研究

本试验在云南农业大学资源与环境学院盆栽试验大棚进行，大棚位于云南农业大学稻作所温室旁。供试土壤有红壤和菜园土，红壤采自云南农业大学后山农场荒草地块 0～10cm 土层，海拔 1981m，经纬度(N 25°08′29.09″，E 102°45′21.65″)。菜园土采自云南农业大学后山农场长期种植蔬菜地，海拔 1960m，经纬度(N 25°08′19.30″，E 102°45′24.60″)。供试土壤理化性质见表 2-6。

表 2-6　供试土壤理化性质

土样	有机质(g/kg)	全氮(g/kg)	碱解氮(mg/kg)	速效磷(g/kg)	土壤颗粒组成(%)			pH	含水率(%)
					砂粒	粉粒	黏粒		
红壤	11.68	0.60	61.98	0.40	4.90	29.20	65.90	6.52	2.47
菜园土	36.25	1.03	168.56	0.74	7.90	46.12	45.98	6.66	2.58

盆栽试验：盆栽种植小白菜(金绿)，塑料盆规格 380mm×260mm，可装土 10.00kg。白菜采用育苗盘进行育苗，再进行移栽。移栽时将通过 1cm 土筛的土样与肥料(基肥占总施用量的比例：N 60%，P_2O_5 100%，K_2O 40%)混匀装入盆中，移栽第二天每盆灌 8.1mg/kg 的精甲霜灵 900mL，据试验设计按不同时间取样测定精甲霜灵在土壤中的含量。适时观察小白菜生长情况，干旱时进行正常灌水，每次灌水 1L，白菜移栽后 10d 左右进入旺长阶段，对白菜追肥(追肥占总施用量：N 40%，K_2O 60%)。

培养试验：称取 8 份 1mm 筛孔的风干土样 20.00g，置于 8 个 9cm 的培养皿中，分别加入 10.00mL 肥料溶液(按盆栽试验换算成相应浓度)，待溶剂挥发后，滴加 8.1mg/kg 精甲霜灵溶液 10.00mL，待溶剂挥发后，充分混匀各培养皿中土壤，分别转入 250mL 三角瓶中，调节土壤水分至饱和含水量的 60%。用棉塞塞紧瓶口，置于 25℃恒温培养箱中进行培养，按试验设计的时间采样测定土壤中精甲霜灵的含量。

试验施用肥料：尿素(N≥46.4%)，云南云维集团有限公司生产；普通过磷酸钙(P_2O_5 ≥14.0%)，云南国能化工有限公司生产；硫酸钾(K_2O ≥ 50.0%)，四川川化青上化工有限公司生产。红壤和菜园土的施肥量分别为 150mg/kg 和 75mg/kg，氮磷钾肥配比为 N∶P_2O_5∶K_2O＝1∶1∶2.5。

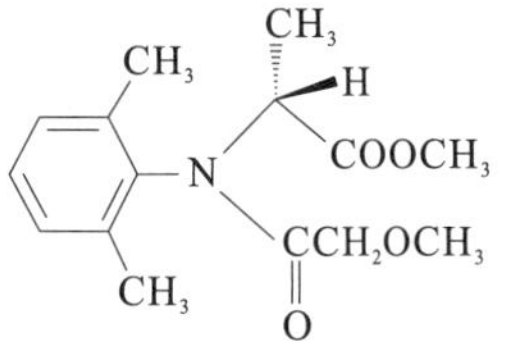

试验农药：4%精甲霜灵(生产商为先正达投资有限公司，中国)，化学名称为 N-(2,6-二甲苯基)-N-(甲氧基乙酰基)-D-丙胺酸甲酯，分子式为 $C_{13}H_{21}NO_4$，水分散粒剂，化学结构如图 2-5 所示。

图 2-5　精甲霜灵化学结构

精甲霜灵标准品(100μg/mL)由上海农药研究所提供。依据 NY/T 788—2018《农作物中农药残留试验准则》推荐高剂量和推荐高剂量的倍量设置施精甲霜灵浓度为 2700g/hm^2，此浓度为防治白菜霜霉病推荐高剂量的 1.5 倍。

2.5.1　试验设计

试验处理：试验设在红壤和菜园土中各设 4 个氮水平处理，氮水平分别为：不施氮(N_0)；低氮处理($N_{1/2}$)，正常施氮量的 50%；中氮处理(N)，正常施用氮量；高氮处理($N_{3/2}$)，正常施氮量的 3/2 倍。盆栽中，红壤和菜园土 4 个氮水平设种菜和不种菜处理，同一氮水平下每个处理设 4 个重复。培养试验不种白菜，施肥水平与盆栽试验相同。

盆栽试验：土壤灌精甲霜灵 0.08d、3d、7d、11d、17d 后进行采样，每盆用土钻取 3～

4 点进行混合，采用四分法采集 200g，分 2 份进行保存，一份用自封塑料袋贮于 1～3℃的冰箱中，用于测定土壤微生物、精甲霜灵等；另一份在自然条件下风干，研磨通过 0.25mm 筛孔，避光贮于−19℃的冰箱中。

培养试验：红壤培养试验于精甲霜灵施用后 2h、1d、5d、14d、25d、35d、50d、70d 从培养箱里取出，浸提测定精甲霜灵残留量；菜园土培养于精甲霜灵施用后 2h、1d、5d、12d、19d 从培养箱里取出，浸提测定精甲霜灵残留量。

2.5.2　测定方法

试验仪器：Agilent 7890A 气相色谱仪(FID 检测器)，色谱柱为 HP-INNOWax Polyethylene Glyco，30m×320μm×0.5μm，载气为 N_2(纯度≥99.999%)；恒温恒湿培养箱，振荡器，水浴锅，凯氏定氮仪等。

样品浸提：称取 20.00g 土壤置于 250mL 三角瓶中，加入 100.00mL 甲醇，振荡器以 220r/min 的速度振荡提取 1h 后过滤，取滤液 60.00mL 于 250mL 分液漏斗中，加入 5%氯化钠溶液 50mL，用 50mL、40mL、30mL 二氯甲烷萃取 3 次，合并萃取液，过无水硫酸钠漏斗脱水，水浴锅(水浴 70～80℃)浓缩至近干，取 1mL 甲醇溶解定容，过 0.45μm 滤膜，待检测。

采用气相色谱法测定土壤中精甲霜灵的残留量，把上海农药研究所提供的 100μg/mL 的精甲霜灵标液用甲醇(色谱纯)分别稀释成 1.00、5.00、10.00、15.00、20.00、100.00μg/mL 标准检测液，探索相应的检测条件。利用添加回收率来表示方法的准确性，据 NY/T 788—2018《农作物中农药残留试验准则》，添加 2 个浓度(2.00μg/mL 和 5.00μg/mL)在不同的土壤基质上，按其相应操作步骤进行精甲霜灵的回收试验。

土壤微生物的测定采用平板稀释法：称取 1～3℃保鲜土样 10.00g 于装有 90mL 无菌水的三角瓶中，振荡获取土壤悬浮液。用牛肉膏蛋白胨培养基、马丁氏培养基、改良高氏 1 号培养基在(30±1)℃的恒温恒湿培养箱中，培养 2d、3d、4d 后对细菌、真菌、放线菌数量进行统计。另称取 10.00g 鲜土，在 105～110℃烘箱中烘 8h 至恒重，得到干土质量，从而获得微生物计数基本单位 cfu/g(cfu，colony forming unit)，即土壤微生物菌数(cfu/g)＝菌落平均数×稀释倍数×鲜土重/干土重。

土壤有机质测定采用 $K_2Cr_2O_7$-H_2SO_4 外加热容量法；土壤全氮含量采用半微量凯氏法；全磷含量测定采用 $HClO_4$-H_2SO_4 消化，钼锑抗比色法。

第3章 稻草编织物覆盖对坡耕地氮流失的影响

坡耕地是水土流失的主要源地，由于坡耕地在我国的耕地中所占比例较大，近年来受很多学者广泛关注。为有效控制坡耕地水土流失，国内外学者开展了等高种植、植物篱、间作和覆盖等农艺措施的研究(Palis et al.，1990；Alegre et al.，1996；Quinton et al.，2004；Smets et al.，2011；郭云周等，2009；史静等，2013)。秸秆覆盖是传统的覆盖方式，可以有效地削减降雨动能，减少或避免雨滴的直接击溅侵蚀，增加地表粗糙度和土壤入渗率，减少地表径流的产生，降低土壤侵蚀和养分流失。同时，秸秆在土壤中容易降解，降解产物中的有机质可以增强土壤的保肥保水性能，提高土壤的抗蚀性。

秸秆覆盖随着覆盖度的增加，控制水土流失的效果越好(Lal，1997；Bhatt et al.，2006)。唐涛等(2008)采用人工模拟降雨试验研究发现，土壤含水量10%、降雨强度120mm/h的雨强条件下，秸秆覆盖能推迟起流时间1～15min，覆盖率大于40%条件下能有效地控制水土流失，覆盖度低于40%时对控制水土流失的作用不明显。张亚丽等(2004)利用室内模拟降雨试验研究发现，秸秆覆盖使坡面径流流速减弱，增加了表层土壤氮素与地表径流的作用强度，使溶解和解吸于单位径流中的矿质氮素含量增加，由于径流量减少显著，总矿质氮径流流失量明显减少。在田间，秸秆覆盖的均匀度难以控制，一些区域覆盖度低，效果不明显；覆盖度低区域，产生径流量大，将会冲刷带走秸秆，进一步扩大无覆盖区域或低覆盖区域；作物苗期，秸秆在风力的作用下，会使得一些区域覆盖度低或无覆盖，降低秸秆覆盖的水土保持效果。

本课题组利用稻草编织物进行覆盖，稻草编织物是基于降雨的侵蚀机理设计的，独特的网眼可增加地表粗糙度，减缓坡面水流流速，降低水流冲刷泥水的动力；编织成绳状或拧成绳状的稻草，减少雨滴对土壤的溅蚀，进而抑制其对土壤的打压、填塞、分散和溅蚀作用，控制网眼中飞溅的泥沙，推迟初始产流时间。网状编织物覆盖容易，不易随水和风的作用而发生转移，与粉碎秸秆覆盖相比，降解缓慢，覆盖地表时间延长。前期研究结果表明，稻草编织物覆盖能减少径流以及径流泥沙含量，从而有效减少土壤侵蚀量(薛宇燕等，2011；邢向欣等，2012；王畅等，2013)。本研究在前期研究的基础上，进一步分析和挖掘5年定位试验结果，分析研究云南典型的降雨条件下，稻草编织物对坡耕地红壤中氮流失的影响，为坡耕地红壤水土保持提供理论基础和技术参考。

3.1 不同年份降雨及产流

从图 3-1 可以看出 2008～2012 年 5～9 月降雨和全年降雨状况，2010 年干旱，5～9 月降雨量少，占全年降雨量的 57.8%。而 2008、2009、2011、2012 年，5～9 月降雨均占全年降雨的 80%以上。5 年中全年降雨量范围为 565.8～983.0mm，6～8 月的降雨最多，除 2010 年外，其余 4 年该期占全年降雨量的 60%以上。因此，从降雨量的时间分布来看，径流和土壤侵蚀主要发生在 6～8 月。

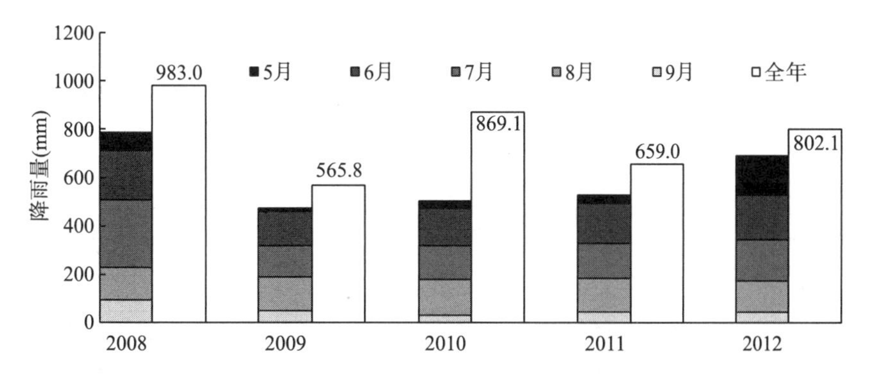

图 3-1 2008～2012 年 5～9 月降雨量与全年降雨量

从图 3-2 可知，种植玉米覆盖稻草编织物可以有效减少径流产生的次数，在作物生长季节，可以减少 3～5 次的产流。种植玉米无覆盖（CK）产生径流次数占降雨次数的 18.5%～25.8%，而种植玉米覆盖稻草编织物（MC）产生径流次数占降雨次数的 10.8%～20.5%。

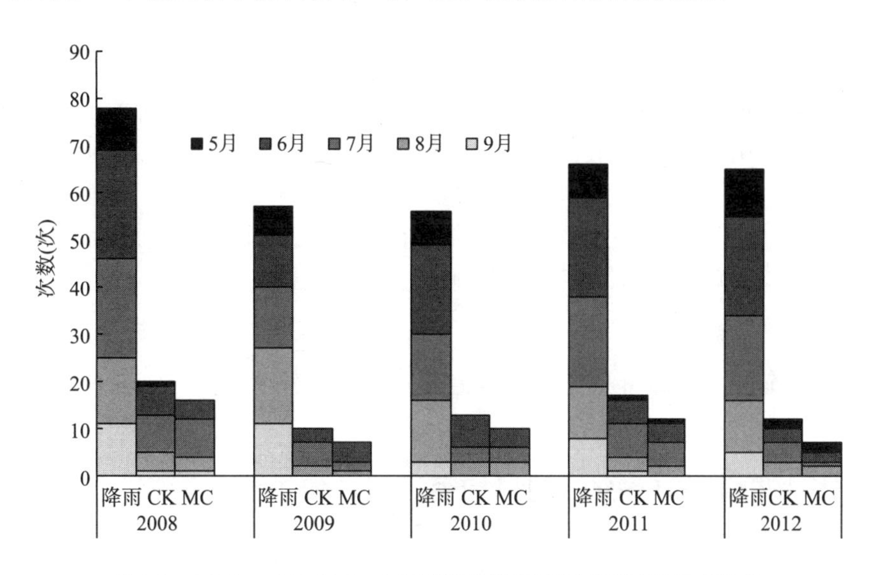

图 3-2 2008～2012 年 5～9 月降雨次数和不同处理产生径流次数

3.2 编织物覆盖对不同降雨强度下水土流失的影响

当降雨量超过土壤入渗能力时，便会在地表产生径流，降雨强度越大，不能及时入渗的雨水越多，形成产流，增加径流，侵蚀作用就越大。江忠善等(1988)用 I_{30} 作为降雨强度的划分依据，将降雨强度类型分为 4 种，即低(＜0.25mm/min)、中(0.25～0.5mm/min)、高(0.5～0.75mm/min)、极高(＞0.75mm/min)四种强度类型的降雨。2008～2012 年 5～9 月玉米生长期间，低强度降雨量占 7.2%～65.1%，中强度降雨量占 30.4%～65.7%，高强度降雨量占 4.5%～36.5%，极高强度降雨量占 0～14.3%。5～9 月玉米生长期间 5 年平均降雨量为 597.22mm，低强度降雨量占 30.9%，中强度降雨量占 43.4%，高强度降雨量占 20.7%，极高强度降雨量占 5.0%。因此，试验区域以中低强度降雨为主，高强度降雨次之，而极高强度降雨较少(表 3-1)。

表 3-1 不同降雨强度下的径流量和侵蚀量(5 年平均)

I_{30} (mm/min)	降雨类型	总降雨量 (mm)	径流量 (m^3/hm^2)			侵蚀量 (t/hm^2)		
			CK	MC	P 值	CK	MC	P 值
＜0.25	低	184.47	95.36±3.06	36.57±1.51	0.246	6.81±0.25	0.39±0.02	0.027*
0.25～0.5	中	259.03	392.14±16.27	81.06±4.10	0.006**	31.31±1.45	1.77±0.09	0.000**
0.5～0.75	高	123.34	255.42±13.09	120.22±7.26	0.448	22.99±1.29	1.65±0.10	0.065
＞0.75	极高	30.38	11.90±0.43	6.93±0.31	0.607	0.93±0.04	0.35±0.02	0.511

注：利用 t 检验分析不同覆盖处理间的差异显著性，*表示差异显著($P<0.05$)，**表示差异极显著($P<0.01$)，后同。

种植玉米覆盖稻草编织物的径流量和侵蚀量均低于种植玉米无覆盖，稻草编织物具有拦截和减缓径流和土壤侵蚀的作用。从减少径流量来看，通过 5 年的试验，稻草编织物覆盖种植玉米与无覆盖种植玉米在中强度降雨(0.25～0.5mm/min)条件下差异呈极显著($P<0.01$)。从减少土壤侵蚀量来看，通过 5 年的试验，稻草编织物覆盖种植玉米与无覆盖种植玉米在低强度降雨(＜0.25mm/min)条件下差异显著($P<0.05$)，而在中强度降雨(0.25～0.5mm/min)条件下差异呈极显著关系($P<0.01$)。由此可知，当 I_{30} 在中强度降雨(0.25～0.5mm/min)时，与无覆盖相比，稻草编织物覆盖的径流量和土壤侵蚀量分别显著减少了 79.3%和 94.3%，稻草编织物对 10° 的坡耕地红壤蓄水保土效果明显。

3.3 编织物覆盖对坡耕地径流和侵蚀的影响

3.3.1 编织物覆盖对 5～9 月的月均径流量和侵蚀量的影响

玉米生长期间(5～9 月)，降雨主要集中在 6～8 月，而降雨最多是在 7 月，地表径流和侵蚀量随降雨量的增加而增加。对于 5～9 月地表径流量，无覆盖种植玉米(CK)7 月、

8 月与 5 月、9 月的月均径流量差异显著，而种植玉米覆盖稻草编织物(MC)7 月与 5 月、9 月的月均径流量差异显著。5～9 月覆盖稻草编织物种植玉米，有效地减少了地表径流量，减少量达 53.2%～97.7%。由于在 5 月玉米处于苗期，作物覆盖度最低，无覆盖极易产生径流，5 月稻草编织物覆盖种植玉米(MC)与无覆盖种植玉米(CK)产生地表径流差异显著。从径流系数看，径流系数降低了 52.0%～96.7%，稻草编织物覆盖效果最好的是 5 月，其次是 8 月，最差的是 9 月(表 3-2)。

表 3-2　2008～2012 年 5～9 月月均径流量和侵蚀量

月份	雨季降雨量(mm)	地表径流量(m^3/hm^2)			径流系数(%)		侵蚀量(t/hm^2)		
		CK	MC	*P* 值	CK	MC	CK	MC	*P* 值
5	53.5	16.01b	0.37b	0.021*	3.0	0.1	0.06e	0.01c	0.001**
6	137.1	140.43ab	51.40ab	0.137	10.2	3.7	17.77bc	1.22a	0.002**
7	172.6	316.73a	125.70a	0.161	18.3	7.3	31.86a	1.51a	0.002**
8	169.3	265.61a	59.73ab	0.062	15.7	3.5	11.19cd	1.31a	0.003**
9	64.6	16.23b	7.59b	0.228	2.5	1.2	1.15de	0.12bc	0.003**
合计	597.1	755.01	244.79	—	12.6	4.1	62.03	4.17	—

注：不同月平均径流量和侵蚀量中，不同小写字母表示差异显著($P<0.05$)，后同；不同处理间的差异，用*表示差异显著($P<0.05$)，**表示差异极显著($P<0.01$)。

5 年试验结果显示，玉米生长期间(5～9 月)，无覆盖种植玉米(CK)7 月的月均侵蚀量最大，显著高于 5 月、6 月、8 月和 9 月，6 月与 5 月、9 月的平均侵蚀量差异显著；覆盖稻草编织物种植玉米(MC)7 月平均侵蚀量最大，其次是 6 月和 8 月，7 月与 6 月、8 月的平均侵蚀量差异不显著，与 5 月、9 月的平均侵蚀量差异显著。种植玉米覆盖稻草编织物(MC)有效减少无覆盖种植玉米(CK)侵蚀量的 83.3%～95.3%。采用 *t* 检验对 MC 和 CK 进行差异显著性分析，玉米生长期间的 5 个月(5 月、6 月、7 月、8 月、9 月)的月均侵蚀量均表现为极显著，充分说明种植玉米覆盖稻草编织物可以显著减少土壤侵蚀量。

3.3.2　编织物覆盖对径流量和侵蚀量的影响

玉米生长期间，覆盖稻草编织物种植玉米(MC)与无覆盖种植玉米(CK)可以有效地减少产流次数，从而减少侵蚀性降雨量，降低地表径流量和径流系数。通过对 5 年的试验数据进行分析，CK 与 MC 处理的侵蚀性降雨表现为差异不显著(表 3-3)。但覆盖稻草编织物种植玉米(MC)比无覆盖种植玉米(CK)的侵蚀性降雨减少了 14.6%～47.3%，地表径流量显著减少了 59.6%～76.9%，平均减少了 67.58%。由于覆盖稻草编织物可以有效减少雨滴击溅侵蚀，同时可以拦截径流中的泥沙，MC 处理比 CK 处理侵蚀量显著减少了 89.9%～97.6%，通过对 5 年的试验数据进行分析，MC 处理比 CK 处理呈极显著差异。因此，稻草编织物覆盖的土壤侵蚀量显著减少了 93.29%。

表 3-3 2008～2012 年 5～9 月径流量和侵蚀量

年份	雨季降雨量(mm)	侵蚀性降雨量(mm)		地表径流量(m^3/hm^2)		侵蚀量(t/hm^2)		径流系数(%)	
		CK	MC	CK	MC	CK	MC	CK	MC
2008	788.3	651.8a	538.7a	1728.20a	697.68b	111.97a	6.43b	21.9	8.9
2009	473.4	222.1a	117.1a	236.40a	54.56b	42.43a	1.03b	5.0	1.2
2010	501.9	321.8a	274.9a	509.46a	135.69b	43.52a	4.39b	10.2	2.7
2011	528.9	323.2a	241.2a	517.30a	123.47b	52.41a	3.78b	9.8	2.3
2012	693.6	533.7a	433.8a	783.70a	212.52b	59.84a	5.17b	11.3	3.1
平均	597.2	410.5a	321.1a	755.01a	244.78b	62.03a	4.16b	11.6	3.6

3.4 编织物覆盖对坡耕地氮养分流失的影响

3.4.1 坡耕地土壤氮养分的变化

在稻草编织物覆盖处理和不覆盖情况下，不同坡位的土壤全氮含量如图 3-3 所示。

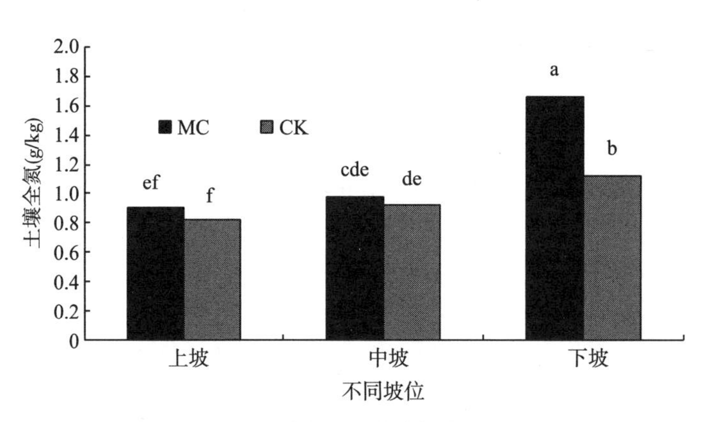

图 3-3 不同坡位对土壤全氮含量的影响

注：柱上不同小写字母表示土壤全氮之间差异显著，$P<0.05$。

坡耕地土壤通气性好，氧化还原电位高，有利于有机质的矿化，而不利于有机质的积累，导致有机质含量低，生物固氮能力弱，土壤氮素含量低。当雨量较小时，坡上部或中部的侵蚀土壤将会在坡下部沉积，从而导致上坡、中坡和下坡的土壤含氮量各异。2012 年测定稻草编织物覆盖种植玉米(MC)和无覆盖种植玉米不同坡位的土壤全氮含量，均表现为下坡＞中坡＞上坡，上坡、中坡和下坡的土壤全氮含量 MC 处理中分别为 0.90g/kg、0.98g/kg、1.66g/kg，在 CK 处理中分别为 0.82g/kg、0.92g/kg、1.12g/kg，MC 处理比 CK 处理分别提高了 9.76%、6.52%、48.21%。稻草编织物覆盖处理平均土壤全氮含量为 1.18g/kg，无覆盖处理为 0.92g/kg，覆盖处理比不覆盖处理土壤全氮含量增加了 28.26%。稻草编织物覆盖处理下坡位的土壤全氮含量与中坡位、上坡位间差异显著($P<0.05$)，无

覆盖处理上坡位土壤全氮含量与中坡位、下坡位差异显著($P<0.05$)。MC 与 CK 在上坡位和中坡位不显著，而在下坡位表现为差异显著。因此，下坡位覆盖效果优于中坡位和上坡位。

3.4.2　坡耕地土壤氮养分的流失

2008～2012 年进行 5 年的试验，通过测定径流和侵蚀土壤中的全氮量，分析稻草编织物覆盖对坡耕地氮养分流失的影响。由表 3-4 可知，无论是无覆盖种植玉米(CK)，还是稻草编织物覆盖种植玉米(MC)，氮的流失主要是侵蚀土壤。相同条件下，径流中的氮与侵蚀土壤中氮的比值为 0.26%～0.42%。因此，坡耕地中径流氮对环境的负荷较小，而对环境负荷大的主要是侵蚀土壤中的氮(泥沙氮)。

对于径流中氮流失量，稻草编织物覆盖种植玉米(MC)比无覆盖种植玉米(CK)显著减少了 63.0%～67.2%，利用 t 检验分析两处理间的差异显著性；对于侵蚀土壤中氮流失量，稻草编织物覆盖种植玉米(MC)比无覆盖种植玉米(CK)显著减少了 49.1%～58.6%，利用 t 检验分析两处理间的差异显著性，MC 与 CK 差异极显著($P<0.01$)。因此，与无覆盖相比，稻草编织物覆盖的径流和侵蚀土壤中氮分别显著减少 64.78%和 95.87%。

表 3-4　2008～2012 年 5～9 月径流 N 和侵蚀土壤 N 的流失量

年份	地表径流 N 流失量(mg/m^2)		侵蚀土壤 N 流失量(g/m^2)	
	CK	MC	CK	MC
2008	21.67±0.77a	8.02±0.24b	5.25±0.15a	2.43±0.08b
2009	20.45±0.84a	7.07±0.25b	4.86±0.17a	2.01±0.08b
2010	20.52±0.95a	7.52±0.31b	5.04±0.20a	2.36±0.10b
2011	20.84±1.17a	6.84±0.35b	5.13±0.25a	2.51±0.12b
2012	20.88±0.66a	7.30±0.19b	5.37±0.13a	2.74±0.07b
平均	20.87± 0.48a	7.35±0.45b	5.09±0.21a	2.38±0.26b

3.5　编织物覆盖对坡耕地土壤物理性质的影响

3.5.1　编织物覆盖对坡耕地土壤容重的影响

土壤容重可以反映土壤的疏松及孔隙状况，土壤容重大，土壤孔隙度小，下渗速率小，易形成径流，造成水土流失。一般是表层土壤的容重较小，而心土层和底土层的容重较大。通过稻草编织物覆盖种植玉米与无覆盖种植玉米，雨季之后，土壤容重呈减少的趋势。雨季前土壤容重差异较小，不同坡位上表现为上坡位＞中坡位＞下坡位。雨季后，稻草编织物覆盖种植玉米土壤容重减少了 1.7%～3.4%，无覆盖种植玉米减少了 5.0%～6.5%，无覆盖减少幅度大于覆盖种植。雨季后，不同坡位的覆盖种植玉米土壤容重表现为上坡位＞中坡位＞下坡位，无覆盖种植玉米土壤容重表现为中坡位＞上坡位＞下坡位。通过雨季种植以后，不同坡位覆盖种植玉米与雨季前表现一致，而无覆盖种植玉米呈现出中坡位容重增加(图 3-4)。

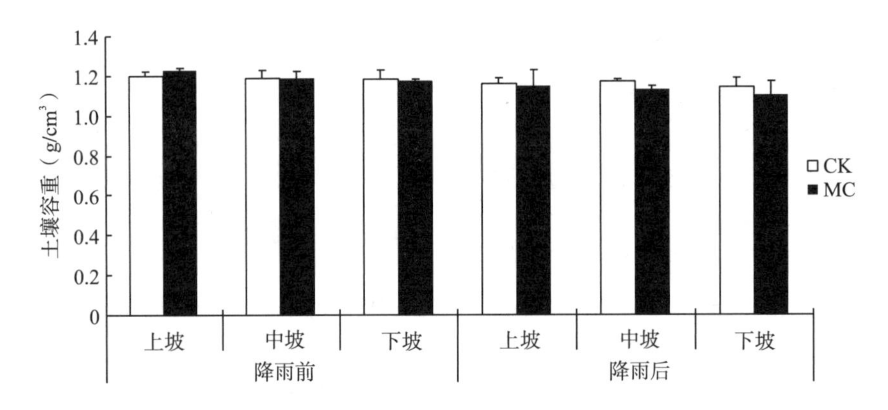

图 3-4 不同处理不同坡位雨季前和雨季后土壤容重变化

3.5.2 编织物覆盖对坡耕地水稳性团聚体的影响

稻草编织物覆盖增加了地表的粗糙度，减缓地表径流并拦截土壤侵蚀，减少降雨的击溅侵蚀。地表编织物的保护将促使土壤团聚体的形成，所形成的团聚体能提高土壤的抗蚀性，从而减少水土流失和氮的流失。团粒结构愈大，总孔隙度和非毛管孔隙度也随之增加，在发生土壤侵蚀的地方，大于 2mm 的抗蚀性强，1～2mm 的抗蚀性弱，而小于 1mm 的几乎没有抗蚀作用(黄昌勇等，2013)。从图 3-5 可知，大于 0.5mm 水稳性团聚体表现为 MC＞CK，小于 0.5mm 则表现为 CK＞MC。利用单因素方差对大于 2mm、1～2mm、小于 1mm 粒级的团聚体进行分析，稻草编织物覆盖种植玉米比无覆盖种植玉米，大于 2mm 水稳性团聚体极显著增加 41.4%，1～2mm 粒级显著增加 22.9%，小于 1mm 粒级极显著减少了 12.8%。因此，稻草编织物覆盖种植玉米比无覆盖种植玉米显著提高了大团聚体的比例，降低了小团聚体的比例，有利于提高土壤的抗蚀性，减少氮的流失。

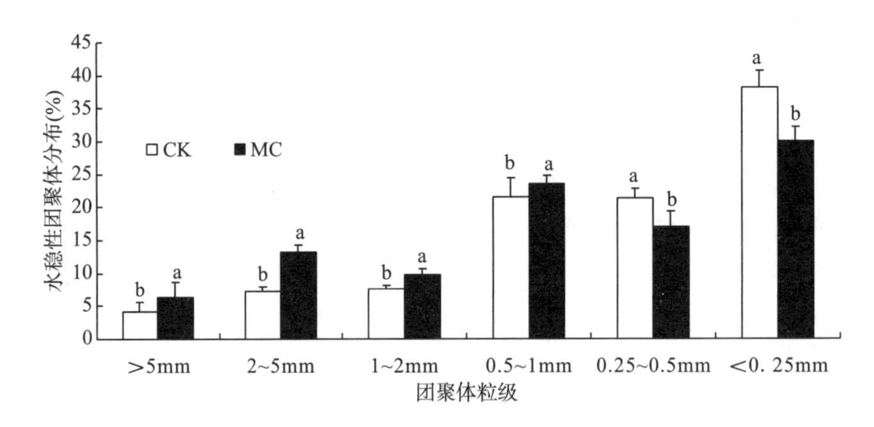

图 3-5 不同处理土壤水稳性团聚体粒级分布

注：柱头不同小写字表示不同覆盖处理间差异显著($P<0.05$)

3.6 编织物覆盖对玉米产量及农艺性状的影响

玉米的农艺性状主要以玉米穗长、穗粗、穗鲜重、穗干重、千粒重等指标表示，5 年试验中，稻草编织物覆盖种植玉米(MC)的农艺性状优于无覆盖种植玉米(CK)。MC 处理与 CK 相比，2008～2009 年产量低，千粒重分别提高了 6.5%和 8.2%，产量分别提高了 2.6%和 8.6%。2010～2012 年，千粒重分别提高了 12.0%、13.9%和 14.0%，产量分别提高了 45.7%、39.4%和 37.1%(表 3-5)。对 5 年试验数据进行产量分析时，差异不显著。2010～2012 年玉米的产量和农艺性状较为稳定，MC 处理比 CK 处理的玉米穗长、穗粗、穗鲜重、穗干重、千粒重和产量 3 年平均值分别提高了 12.3%、7.4%、27.2%、30.9%、12.2%和 40.8%(表 3-6)。增加幅度最大的是产量，有效地提高了经济收入。利用 t 检验分析两处理间的差异显著性，MC 和 CK 处理间的玉米穗长、穗粗、穗鲜重、穗干重、千粒重均差异显著($P<0.05$)，MC 与 CK 处理间的产量差异极显著($P<0.01$)。因此，稻草编织物覆盖种植玉米可以显著地提高玉米的农艺性状和产量。

表 3-5　2008～2012 年玉米农艺性状和产量

年份	处理	穗长(cm)	穗粗(cm)	穗鲜重(g)	穗干重(g)	千粒重(g)	产量(t/hm²)
2008	CK	18.5	18.33	314	171	276	5.29
	MC	18.92	18.54	318	191	294	5.43
2009	CK	15.78	14.65	309	192	267	5.09
	MC	16.95	15.08	318	197	289	5.53
2010	CK	15.94	16.18	255	173	367	7.15
	MC	19.22	17.65	374	252	411	10.42
2011	CK	17.46	16.97	274	168	332	7.66
	MC	18.13	18.04	351	189	378	10.68
2012	CK	15.83	17.14	283	174	336	7.49
	MC	17.94	18.33	308	233	383	10.27

表 3-6　2010～2012 年玉米农艺性状和产量的平均值

年份	处理	穗长(cm)	穗粗(cm)	穗鲜重(g)	穗干重(g)	千粒重(g)	产量(t/hm²)
2010～2012	CK	16.41±0.91	16.76±0.51	271±14.29	172±3.21	345±19.16	7.43±0.26
	MC	18.43±0.69	18.01±0.34	344±33.50	225±32.32	391±17.79	10.46±0.26
	P 值	0.038*	0.028*	0.025*	0.048*	0.039*	0.000**

3.7 讨论与结论

3.7.1 稻草编织物覆盖对地表径流和土壤侵蚀的影响

秸秆覆盖可以使产流开始时间滞后，降雨后产流持续时间延长，随着覆盖的增加，产流开始时间将增长(张亚丽等，2004)。产流时间的延长，增加了土壤的入渗量，减少产流次数，降低径流量。本试验研究中，玉米生长期(5～9 月)，稻草编织物覆盖与无覆盖相比，减少产流 3～5 次。产流过程取决于雨强与入渗的关系，本试验研究发现，稻草编织物覆盖坡耕地红壤，在不同雨强条件下，覆盖与无覆盖相比，径流量和侵蚀量均减少，而当 I_{30} 在中强度降雨(0.25～0.5mm/min)时，径流量和侵蚀量显著减少，即中强度降雨条件下，稻草编织物覆盖的水土保持效果最好。

覆盖对不同坡长的作用差异较小，但对不同的土壤和坡度变化明显(Hussein et al., 1982)。不同学者采取不同的覆盖方式在东北黑土(杨青森等，2011)、陕西杨陵红油土(唐涛等，2008)、陕西黄绵土(张亚丽等，2004)、河南洛阳黄土坡耕地(王育红等，2002)、湖北黄棕壤(刘毅等，2010)、四川紫色土(林超文等，2010)等进行了研究，覆盖减少了土壤径流量和侵蚀量，减少效果各异。付斌等(2009)对云南坡耕地红壤采取不同的耕作和覆盖处理，几种措施相比，横坡垄作+秸秆覆盖+揭膜农作措施控制径流和泥沙的流失效果最好。邱学礼等(2010)采用不施肥+顺坡、垄作+不揭膜、常规施肥+顺坡垄作+不揭膜、优化施肥+顺坡垄作+不揭膜、优化施肥+横坡垄作+不揭膜、优化施肥+横坡垄作+秸秆覆盖+揭膜、优化施肥+横坡垄作+揭膜种植烤烟，烤烟生长进入成熟期后，各处理间的泥沙流失量差异都不显著。米艳华等(2006)采用裸地、传统单作玉米区、植物篱玉米秸秆覆盖区、植物篱麻袋覆盖区和植物篱牧草活覆盖区种植玉米，植物篱麻袋覆盖区和植物篱牧草活覆盖区的效果优于植物篱秸秆覆盖区，而这三种种植方式又都优于裸地和传统单作。Barton 等(2004)连续四年在云南红壤等高种植玉米进行秸秆覆盖试验，秸秆覆盖比传统耕作土壤侵蚀量减少了 18%、66%、86%和 78%。祖艳群等(2014)采用稻草覆盖种植玉米，与无覆盖相比，地表径流量削减率为 31.6%。本研究以云南种植面积最大的玉米坡地为研究对象，通过等高种植玉米覆盖稻草编织物减少径流和土壤侵蚀量，玉米生长期间(5～9 月)，由于降雨主要集中在 6～8 月，7 月降雨量最多，因此，径流量和侵蚀量在 7 月最多，其次是 6 月和 8 月。5 月播种，玉米处于苗期，地表覆盖度低，5 月稻草编织物覆盖减少，地表径流量差异显著；由于编织物覆盖，减少溅蚀的发生，增加地表粗糙度，稻草编织物覆盖减少土壤侵蚀量在 5～9 月均表现为差异极显著。分析 5 年的试验数据，与等高种植玉米无覆盖相比，稻草编织物覆盖种植玉米可以减少侵蚀性降雨量和地表径流的产生，径流量减少了 67.58%，土壤侵蚀量极显著减少了 93.29%。稻草编织物覆盖等高种植玉米减少土壤侵蚀的效果优于等高种植玉米覆盖秸秆的效果。云南坡耕地红壤等高种植玉米，覆盖稻草编织物可有效地减少地表径流和土壤侵蚀量的产生，为坡耕地红壤水土保持提供理论基础和技术参考。

3.7.2　稻草编织物覆盖对氮流失的影响

彭琳等(1994)采用冬小麦后种玉米研究黄土高原旱作土壤养分剖面运行与坡面流失，种植作物不会造成氮养分的淋失，无作物生长的裸露地会造成氮养分的淋失，土壤氮养分的流失以坡面流失为主。坡耕地中，降雨发生之后，伴随着径流水和土壤侵蚀的发生，土壤氮素的流失途径表现为径流水携带和侵蚀土壤(泥沙)携带，径水携带的主要为可溶性养分，侵蚀土壤携带的主要为矿质养分。坡面流失中，有学者研究认为，氮的流失主要以径流氮为主。袁东海等(2002)研究浙江红壤坡耕地结果显示，土壤氮素流失主要集中在 5～8 月，占全年流失量的 85%～100%；坡耕地土壤氮素的流失以径流流失为主，占流失量的 81.9%～93.4%，其中径流氮中又以水溶态氮为主，占径流总氮的 78.0%～87.6%。王静等(2011)在巢湖流域旱地种植玉米，研究认为氮素迁移以溶解态氮为主，其浓度占总氮浓度的 60%～88%。王兴祥等(1999)、白红英等(1991)的研究也得到上述结论。一些学者研究认为，氮的流失主要是以颗粒态(侵蚀土壤携带)氮为主，即以泥沙结合形式流失。大量有关三峡紫色土区的研究表明，土壤养分的流失主要以流失泥沙为载体，即养分流失以颗粒态氮为主(王洪杰等，2003；傅涛等 2003；蔡崇法等，1996；黄丽等，1998)。于兴修等(2002)和陈志良等(2008)对不同土地利用的研究显示，氮素坡面流失是以颗粒态形式流失，即氮是以泥沙结合形式流失，径流中氮素主要是以可溶态氮流失。秸秆覆盖使坡面径流流速减弱，表层土壤与地表径流的作用强度增加，从而增加溶解和解吸于径流中的矿质氮素含量，但由于径流显著降低，矿质氮流失总量仍减少(张亚丽等，2004)。鲁耀等(2012)对秸秆覆盖的云南坡耕地红壤的研究表明，氮流失以颗粒态氮为主。王洪杰(2002)等对覆盖度较大的紫色土区小流域径流养分和泥沙含量的分析表明，土壤养分流失的主要途径是径流流失，而随泥沙携带的潜在土壤养分，由于产沙量较少，流失总量并不多。本研究无覆盖等高种植玉米、稻草编织物覆盖等高种植玉米的氮的流失以颗粒态(泥沙)氮流失为主，与覆盖度低的紫色土和秸秆覆盖云南红壤一致。

黄丽等(1998)对紫色土侵蚀区的研究认为，泥沙携带的养分主要富集在小于 0.02mm 的微团聚体和小于 0.002mm 的黏粒。廖晓勇等(2005)对紫色土坡耕地的研究认为，紫色土坡耕地流失的泥沙中小于 0.02mm 的颗粒大量富集，是养分流失的主要载体。本研究发现，稻草编织物覆盖种植玉米比无覆盖种植玉米大于 2mm 水稳性团聚体极显著增加 41.4%，1～2mm 粒级显著增加 22.9%。因此，通过稻草编织物覆盖种植玉米增加了大团聚体的比例，可减少氮素的流失。土壤侵蚀发生区域，通常认为团粒结构大于 2mm 的抗蚀性强，1～2mm 的抗蚀性弱，而小于 1mm 的几乎没有抗蚀作用(黄昌勇等，2013)。因此，坡耕地红壤覆盖稻草编织物等高种植玉米，与无覆盖种植玉米相比，提高了土壤的抗蚀性，减少了氮的流失。5 年研究结果显示，覆盖地表编织物种植玉米，与无覆盖相比，稻草编织物覆盖的径流和侵蚀土壤(颗粒态)氮显著减少 64.78%和 95.87%。

3.7.3 研究结论

(1) 通过 5 年的观测，滇池流域坡耕地 5～9 月降雨均占全年降雨的 80%以上，6～8 月最大，基本在 60%以上。玉米生长期内，稻草编织物覆盖种植玉米与无覆盖种植玉米相比，可以减少产流 3～5 次。当 I_{30} 在中强度降雨(0.25～0.5mm/min)时，与无覆盖相比，稻草编织物覆盖的径流量和土壤侵蚀量显著减少了 79.3%和 94.3%，稻草编织物对 10° 的坡耕地红壤蓄水保土效果明显。

(2) 玉米生长期内，径流量和侵蚀量在 7 月最多，其次是 6 月和 8 月，稻草编织物覆盖减少地表径流量在 5 月表现为差异显著；稻草编织物覆盖减少土壤侵蚀量在 5～9 月均表现为差异极显著。分析 5 年的试验数据，稻草编织物覆盖种植玉米可以减少侵蚀性降雨量和地表径流的产生，径流量减少了 67.58%，土壤侵蚀量显著减少了 93.29%。

(3) 玉米生长期间，氮的流失以颗粒态氮流失为主，而径流流失较少。通过 5 年覆盖地表编织物种植玉米，与无覆盖相比，稻草编织物覆盖的径流和侵蚀土壤中氮显著减少 64.78%和 95.87%。2012 年分析了不同坡位的保肥效果，通过覆盖地表编织物，提高了土壤全氮含量。覆盖编织物与无覆盖的土壤全氮量的增加在下坡位表现为差异显著。因此，下坡位覆盖稻草编织物效果更佳。

(4) 稻草编织物覆盖种植玉米比无覆盖种植玉米的大于 2mm 水稳性团聚体极显著增加 41.4%，1～2mm 粒级显著增加 22.9%，提高了土壤的抗蚀性。

(5) 覆盖稻草编织物显著提高了玉米的农艺性状，玉米产量的提高表现为差异极显著。

第4章　间作对坡耕地氮流失的影响

间作利用不同作物在生长过程中的空间差和时间差，有效地发挥光、肥、水、气、热等有限农业资源的生产潜力，不断提高对土壤养分的吸收利用率(Willey，1990；Rodrigo et al.，2001)。中国种植玉米以来，玉米的间作较为广泛，出现了玉米间作豆类、玉米间作禾谷类、玉米间作蔬菜类、玉米间作食用菌类、玉米间作地下块根(茎)作物及玉米间作牧草等间作方式(刘天学等，2008)。玉米不同间作方式下，地上、地下部分的互惠和竞争不相同，从而对养分的吸收和利用也不同(梁泉等，2004；叶优良等，2008；刘均霞等，2008；张向前等，2012；雍太文等，2014)。低肥力土壤宜选择豆科/禾本科互惠体系，高肥力土壤宜选择禾本科/禾本科竞争体系(李秋祝等，2010)。云南是我国热区组成部分之一，红(黄)壤分布较广，物理性质差，结构不良，保水保肥性差，水土流失严重(刘醒华，1986)。因此，坡耕地红壤的肥力水平低，适宜选择豆科/禾本科互惠体系。

采用不同的间作方式，增加养分的利用效率(赵平等，2010；刘月娇等，2015)，减少径流和土壤侵蚀量的产生(Wang et al.，2012；安瞳昕等，2007)，提高团聚体含量及其稳定性(王英俊等，2013)，减少土壤养分的流失(Pansak et al.，2008；湛方栋等，2012；杨翠玲等，2013；褚军等，2014)，增加根系对土壤的固持能力(黑志辉等，2014)。王心星等(2014)利用河潮土研究以玉米为主的间作对氮流失的影响，与单作玉米相比，玉米间作大豆效果最佳。不同的土壤，玉米间作大豆与单作相比，对氮的吸收利用不一样，贵州黄壤玉米间作大豆，间作玉米吸氮量、地上部干质量分别比单作玉米显著增加 37.61%和 27.92%，间作大豆吸氮量、地上部干质量比单作大豆降低 11.93%和 11.19%(刘均霞等，2008)。云南红壤玉米间作大豆，间作玉米氮素养分吸收量比相应单作提高 57.53%，间作大豆的吸氮量比单作降低 1.21%(李少明等，2004)。因此，玉米间作大豆，有利于促进玉米对氮的吸收和生长，而对大豆的生长不利。而间作玉米在不同土壤上对氮的吸收利用将会导致氮在土壤中的分布及流失不一样。

本研究选取玉米间作大豆，研究间作对云南典型的坡耕地红壤中氮流失的影响。研究坡耕地玉米间作大豆，与单作相比，坡耕地红壤形成径流、土壤侵蚀对氮流失的贡献，间作通过影响坡耕地土壤物理性质及团聚体的改变，从而影响氮流失的作用。探索间作对坡耕地红壤中氮流失控制的影响因素，为坡耕地农作物配置及合理种植模式提供理论依据和参考。

4.1 不同年份降雨及产流

从图4-1可知，玉米大豆生长季节(5～9月)，7月降雨量最大，其次是6月和8月，而5月和9月降雨量较少。2013年5～7月，降雨之后的产流次数相同，8月间作减少产流1次，9月大豆单作减少产流1次(图4-2)。因此，从减少产流次数来说，只有大豆单作减少了产流，不同单间作种植模式及裸地对减少产流无规律性。

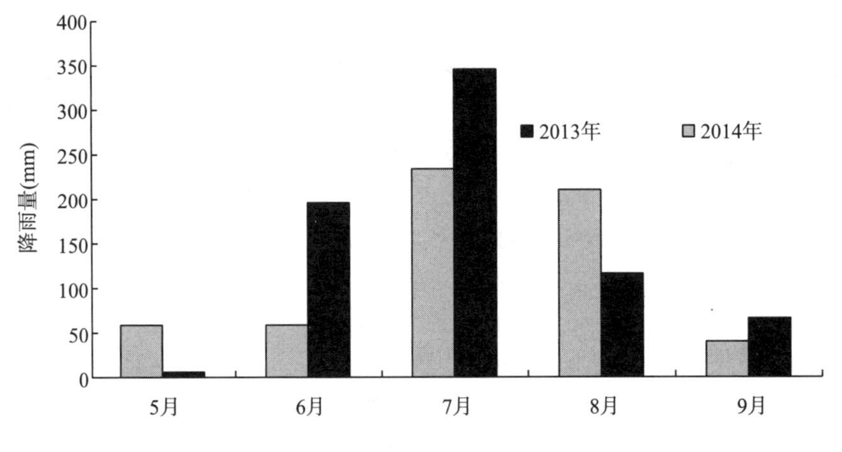

图4-1 2013～2014年5～9月降雨量

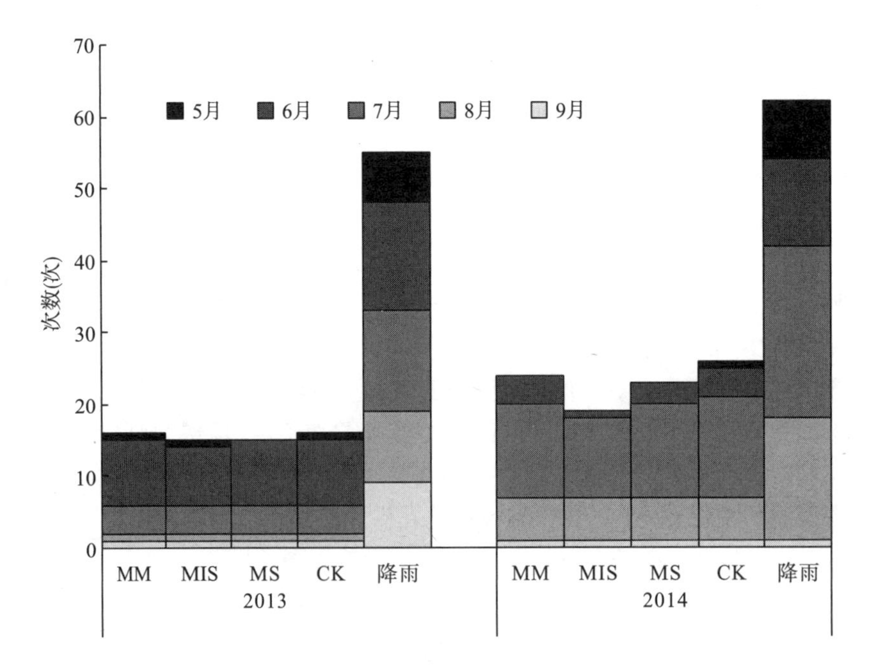

图4-2 2013～2014年5～9月的降雨次数和产流次数

注：MM为玉米单作，MIS为玉米大豆间作，MS为大豆单作，CK为裸地。

2014 年，采取宽窄行种植，适当增加种植密度，单间作种植模式比裸地产流次数减少 1～3 次，间作减少达 3 次，大豆单作次之。8 月，只有间作与大豆单作减少了产流次数，间作减少了 2 次，大豆单作减少了 1 次。9 月裸地产生 1 次径流，而不同种植模式均未产生径流(图 4-2)。从 2014 年的试验结果看，种植作物可以有效减少产流次数，其效果表现为玉米大豆间作＞大豆单作＞玉米单作。大豆是密播作物，水土保持作用大，玉米是中耕作物，水土保持作用小，因此大豆单作减少产流优于玉米单作。玉米大豆间作有效地增加了地表覆盖，故减少产流次数将优于大豆单作。从 2 年的试验分析，间作必须具有一定的密度，其减少产流才能优于单作大豆。

4.2　间作对土壤物理性质的影响

4.2.1　间作对土壤容重及孔隙度的影响

玉米和大豆生长期间(5～9 月)，径流和土壤侵蚀将在坡耕地上发生，上坡或中坡的土壤将在雨水的作用下不断地向下迁移，土壤的容重和孔隙度也随之发生改变。容重可以反映出土壤的坚实度与孔隙状况，容重增加，总孔隙度下降，从而降低入渗率，导致地表径流和土壤侵蚀量增加，氮流失量相继增加。

2013 年 3 个处理(玉米单作 MM、大豆单作 MS、玉米间作大豆 MIS)中，雨季前，不同坡位容重表现为上坡位＞中坡位＞下坡位，相同坡位各处理间容重差异甚小。雨季后，不同种植条件下相同坡位容重表现为 MS＞MIS＞MM，相同种植条件下不同坡位容重表现为中坡位＞上坡位＞下坡位。但相同坡位不同处理间和不同坡位相同处理间容重差异不显著(图 4-3)。从土壤孔隙度来看，相同种植条件下，不同坡位的土壤孔隙度表现为下坡位＞上坡位＞中坡位。相同坡位条件下，不同处理间则表现为 MM＞MIS＞MS，但相同坡位不同处理间和不同坡位相同处理间孔隙度差异不显著(图 4-4)。

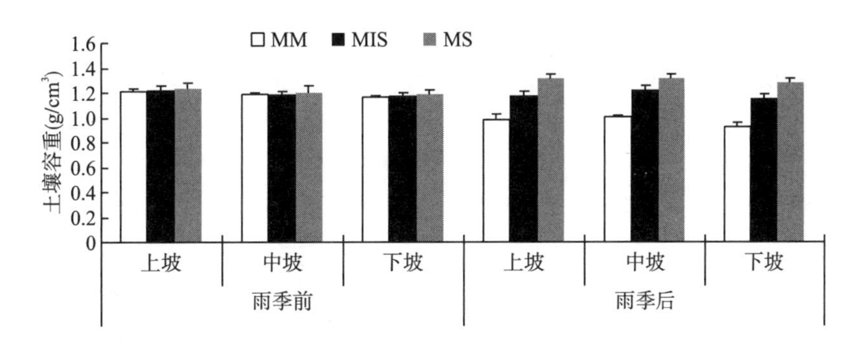

图 4-3　2013 年不同种植模式不同坡位的土壤容重

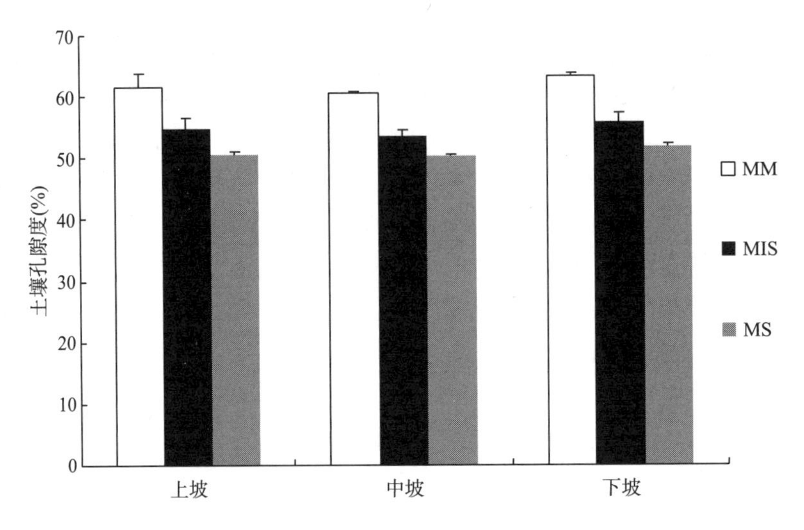

图 4-4 2013 年不同种植模式不同坡位的土壤孔隙度

4.2.2 间作对水稳性团聚体的影响

不同土地利用条件下，土壤团聚体数量各不相同(图 4-5)，宋日等(2009)将玉米和大豆的根系分泌物添加到黑土中，研究作物根系分泌物对土壤团聚体大小及其稳定性的影响，玉米和大豆根系分泌物显著提高水稳性大团聚体(＞1mm)的比例，玉米对提高土壤稳定性的作用显著高于大豆。单作玉米、单作大豆和玉米间作大豆条件下，分析各粒级土壤水稳性团聚体含量，玉米间作大豆在 0.5～5mm 粒级高于单作玉米和单作大豆。大于 0.5mm 粒级团聚体表现为 MIS＞MM＞MS，小于 0.5mm 粒级团聚体表现为 MS＞MM＞MIS。利用单因素方差对大于 2mm、1～2mm 和小于 1mm 粒级团聚体进行分析，小于 1mm 粒级团聚体表现为 MS＞MM＞MIS，间作比单作玉米、单作大豆减少了 9.5%和 14.1%，单作玉米比单作大豆减少了 4.6%，差异不显著；1～2mm 粒级团聚体表现 MIS＞MM＞MS，间作与单作差异显著，间作比单作玉米、单作大豆显著增加了 25.3%和 27.4%，单作玉米与单作大豆差异不显著，单作玉米比单作大豆增加了 2.86%；大于 2mm 粒级团聚体表现 MIS＞MM＞MS，间作与单作、单作与单作间差异显著，间作比单作玉米、单作大豆显著增加了 45.6%和 21.1%，单作玉米比单作大豆显著增加了 31.1%。

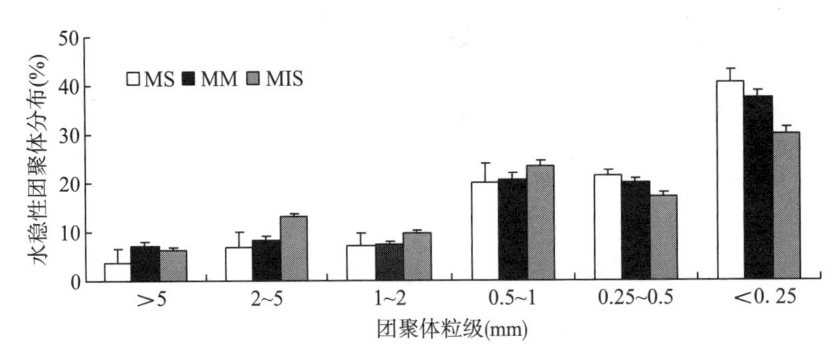

图 4-5 2013 年不同种植模式下土壤水稳性团聚体的粒级分布

间作可以显著提高大团聚体的比例，特别是大于 2mm 粒级团聚体(表 4-1)。大于 2mm 的团聚体抗蚀性强，1～2mm 的团聚体抗蚀性弱，而小于 1mm 的团聚体几乎没有抗蚀作用(黄昌勇等，2013)。因此，间作从地下部分考虑，可以提高土壤的抗蚀性，从而减少地表径流和土壤侵蚀，减少氮的流失。

表 4-1　不同种植模式下水稳性大团聚体差异显著性分析

处理	＞2mm	1～2mm	＜1mm
MS	10.67±1.59a	7.13±0.85a	82.03±6.55a
MM	15.49±0.61b	7.34±0.25a	77.85±3.02a
MIS	19.62±1.36c	9.82±1.23b	70.48±6.25a

注：不同小写字母表示不同种植模式下差异显著($P<0.05$)，后同。

4.3　间作对叶面积指数的影响

玉米和大豆生长期间，测定单间作条件下的叶面积指数，叶面积指数随着生育期而改变，呈现出先增后减的趋势(图 4-6，图 4-7)。单间作玉米叶面积指数的变化呈单峰曲线变化，苗期至大喇叭口期直线增加，喇叭口期至孕穗增加缓慢，孕穗期之后开始下降，主要是一些下部叶片开始枯落。2013～2014 年叶面积指数均表现为间作玉米高于单作玉米，2013～2014 年间作玉米的峰值分别为 3.32 和 4.25，比单作玉米分别提高了 5.6%和 9.6%。

单间作条件下大豆叶面积指数的变化与玉米相同，呈单峰曲线变化(图 4-6，图 4-7)，分枝期至开花期增加快，开花期至收获期缓慢增加，收获期后开始衰减，主要是一些下部叶面开始枯黄所致。2013～2014 年叶面积指数均表现为间作大豆高于单作大豆，2013～2014 年间作大豆的峰值分别为 5.46 和 8.07，比单作大豆分别提高了 4.2%和 11.4%。

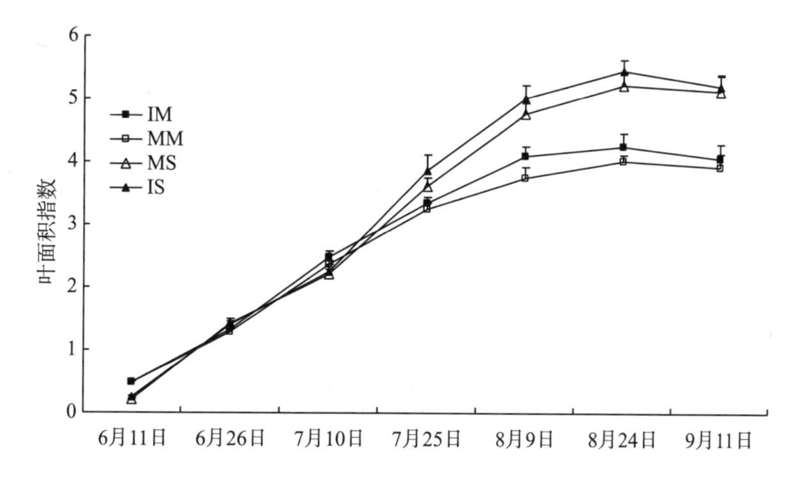

图 4-6　2013 年不同种植模式玉米和大豆的叶面积指数

注：IM 为大豆间作玉米，IS 为玉米间作大豆，后同。

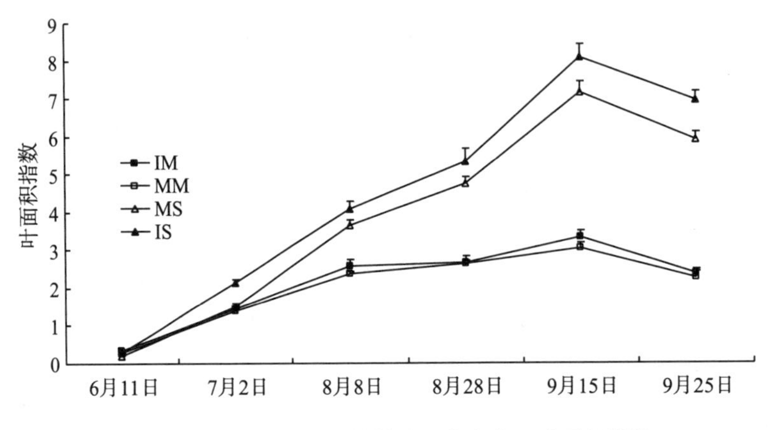

图 4-7 2014 年不同种植模式玉米和大豆叶面积指数

叶面积指数大有利于作物的生长，同时可以增加地面的覆盖度。玉米间作大豆的叶面积指数均高于单作玉米和单作大豆，充分说明间作有利于作物植株的生长，可以有效地提高地表覆盖，减少地表径流的产生和土壤侵蚀，降低土壤氮素的损失。

4.4 间作对地表径流和侵蚀量的影响

2013～2014 年玉米和大豆生长期间(5～9 月)，玉米和大豆单间作条件下与裸地相比，2013 年径流量和土壤侵蚀量均显著低于裸地 21.6%～50.0%，2014 年土壤侵蚀量显著低于裸地 21.8%～47.2%，而地表径流量则表现为单作大豆和玉米间作大豆均显著低于裸地 12.4%～29.4%，而单作玉米与裸地差异不显著，比裸地低 8.3%。因此与裸地相比，种植农作物可以显著减少土壤的侵蚀，有效减少地表径流量。间作可显著减少地表径流量和土壤侵蚀量。

玉米和大豆单间作条件下，2013 年地表径流量表现为 MS＞MM＞MIS，单作玉米与单作大豆间差异不显著，间作与单作玉米、单作大豆差异显著，间作比单作玉米、大豆分别显著降低了 24.4%和 29.4%。2014 年径流量表现为 MM＞MS＞MIS，单作大豆与单作玉米差异不显著，间作比单作玉米、大豆分别显著降低了 23.0%和 19.4%。因此，间作与单作相比，间作显著减少地表径流量的产生。

2013 年单间作条件下土壤侵蚀量表现为 MS＞MM＞MIS，单作玉米与单作大豆间差异不显著，间作与单作玉米、单作大豆差异显著，间作比单作玉米、大豆分别显著降低了 28.1%和 33.8%。2014 年侵蚀量表现为 MM＞MS＞MIS，单作大豆与单作玉米差异不显著，间作比单作玉米、大豆分别显著降低了 32.5%和 29.0%。因此，间作与单作相比，间作显著减少土壤侵蚀量。

从两年的试验结果可知(表 4-2)，2013 年玉米和大豆的株行距相同，密播作物达不到相应的保持水土效果，从而导致单作大豆地表径流量和土壤侵蚀量高于单作玉米。2014 年，提高大豆的种植密度，种植大豆产生的地表径流量和土壤侵蚀量均低于玉米。2013～

2014 年，间作与裸地、单作相比，均可显著减少地表径流量和土壤侵蚀量。玉米属于中耕作物，虽然水土保持作用小，但通过与大豆(水土保持作用大)密播作物间作，其减少径流量和土壤侵蚀量均大于单作密播作物大豆，从而进一步地增强了农作物的水土保持作用，有效减缓了坡耕地径流和侵蚀的产生。

表 4-2　2013～2014 年不同种植模式下的地表径流量和土壤侵蚀量

年份	地表径流量(m^3/hm^2)				土壤侵蚀量(t/hm^2)			
	MM	MS	MIS	CK	MM	MS	MIS	CK
2013	550.80a	589.73a	416.42b	751.71c	43.21b	46.87b	31.05c	62.09a
2014	1217.67ab	1163.17b	937.54c	1327.98a	41.58b	39.52b	28.06c	53.15a

4.5　间作对土壤氮养分及流失的影响

4.5.1　间作对土壤氮的影响

氮在土壤中的含量，与土壤的通气性、有机质含量、大气降雨等诸多因素有关。试验主要考虑在其他因素相同的条件下，玉米和大豆采用不同的单间作方式，土壤中的氮含量与种植模式间的关系，从而影响土壤中氮养分的流失。试验所测数据为收获期土壤中氮的含量，即降雨侵蚀后土壤中氮的含量(表 4-3)。坡耕地中，上坡的土壤在耕作及降雨条件下，土壤顺坡发生侵蚀，不断往下坡转移。因此，相同坡位条件下，不同单间作条件下的土壤氮素含量表现为下坡＞中坡＞上坡。相同坡位上，不同的单间作(不同处理)表现为MIS＞MS＞MM。单间作种植玉米和大豆的条件下，按照种植农作物进行施肥，单因素考虑不同种植模式对土壤氮素含量的影响，玉米间作大豆种植土壤全氮含量为 1.19g/kg，单作玉米为 0.96g/kg，单作大豆为 1.01g/kg。间作比单作玉米和单作大豆处理土壤全氮含量分别提高了 24.0%、17.8%。

表 4-3　2013 年玉米大豆单间作条件下不同坡位的土壤全氮含量　(单位：g/kg)

坡位	MM	MIS	MS
上坡	0.83±0.03a	0.91±0.06a	0.84±0.07a
中坡	0.92±0.09a	0.99±0.05a	0.92±0.04a
下坡	1.13±0.21bc	1.67±0.16a	1.29±0.18c

相同坡位上，单间作种植条件下土壤氮素含量在上坡位和中坡位差异不显著，下坡位单作玉米和单作大豆差异不显著。下坡位间作玉米和大豆(MIS)与单作玉米(MM)、单作大豆(MS)间差异显著，土壤中的氮素含量间作比单作玉米、单作大豆分别显著提高 32.%和 22.8%，有效地把氮保蓄在土壤中，减少氮的流失。

4.5.2 间作对氮养分流失的影响

从两年的结果可知(表 4-4)，单间作种植玉米与裸地相比，2013 年径流量中氮的流失量表现为间作(MIS)低于裸地，单作高于裸地，而间作、单作大豆与裸地间差异显著，间作比裸地显著减少了 28.3%。2014 年径流量中氮的流失量表现为间作(MIS)、单作大豆(MS)低于裸地，分别比裸地减少了 15.26%和 6.0%，差异不显著；单作玉米高于裸地，差异显著。2013～2014 年侵蚀土壤中的全氮量均表现为单间作种植玉米和大豆高于裸地；2013～2014 年有效氮(碱解氮)表现为单间作种植低于裸地，差异显著，有效氮流失量显著减少了 9.9%～32.6%。氮流失量与土壤侵蚀量和径流量不一致，其主要原因是种植农作物进行了施肥，而裸地尚未进行施肥。因此，从氮的流失量来看，可比性低，有效氮被植物吸收利用得少，高于种植农作物，充分说明有作物的生长，有效氮的流失会有所降低。

表 4-4 2013～2014 年玉米大豆单间作条件下径流和土壤侵蚀的氮流失量

处理	径流氮流失 (g/hm^2)		侵蚀土壤氮流失 (kg/hm^2)			
			TN	TN	Av—N	Av—N
	2013	2014	2013	2014	2013	2014
MM	259.48ac	234.03a	49.77a	39.01a	7.56bc	7.03b
MS	285.12a	191.81b	43.31b	34.27b	6.85c	5.41c
MIS	175.22b	188.71b	28.81c	24.43c	6.33c	5.26c
CK	244.68c	203.97b	24.53c	25.41c	8.67a	7.80a

单间作种植玉米和大豆间的比较，2013 年径流中流失的氮表现为 MM＞MS＞MIS，单作玉米与单作大豆差异不显著，而间作与单作差异显著，间作比单作玉米、单作大豆分别减少了 32.5%和 38.6%；2014 年径流中流失的氮表现为 MM＞MS＞MIS，间作比玉米单作、大豆单作分别减少了 19.4%和 1.67%，间作与大豆单作差异不显著，间作与玉米单作差异显著。2013 年土壤侵蚀中流失的全氮表现为 MM＞MS＞MIS，单间作种植条件下差异显著，间作比单作玉米、单作大豆分别显著减少了 42.1%和 33.5%；2014 年土壤侵蚀中流失的全氮表现为 MM＞MS＞MIS，单间作种植条件下差异显著，间作比单作玉米、单作大豆分别显著减少了 37.4%和 28.7%。2013～2014 年土壤侵蚀中流失的有效氮表现为 MM＞MS＞MIS，2013 年间作比单作玉米、单作大豆分别减少了 16.3%和 7.6%，单间作差异不显著；2014 年间作比单作玉米、单作大豆分别减少了 25.2%和 2.8%，间作与单作大豆差异不显著，间作与单作玉米差异显著。

间作与单作相比，可以降低产流次数、增加叶面积指数和显著提高水稳性大团聚体含量，从而减少地表径流量和土壤侵蚀量，减少坡耕地氮的流失。

4.6　间作对作物生长及产量的影响

从两年的试验数据来看(表 4-5，表 4-6)，虽然两年中种植的密度不一样，但间作的农艺性状均高于单作。间作玉米的穗长、穗粗、穗鲜重、穗干重和千粒重均高于单作玉米。间作玉米穗干重和千粒重与单作玉米相比，2013 年分别提高 13.2%和 14.4%，2014 年分别提高 11.0%和 4.1%。间作豆荚干重、单株荚数、百粒重均高于单作大豆，只有豆荚鲜重单作高于间作，2013～2014 年间作大豆百粒重比单作分别提高 57.5%和 5.0%。2013～2014 年间作的土地当量比分别为 1.22 和 1.55。因此，玉米间作大豆具有一定的优势。

2013 年玉米单作、间作的密度分别为 60000 株/hm^2 和 30000 株/hm^2，大豆单作、间作的密度分别为 120000 株/hm^2 和 60000 株/hm^2。2013 年单作的种植密度比间作高 1 倍，单作玉米和大豆的产量比间作分别高 13.6%和 36.3%。2014 年玉米单作、间作的密度分别为 66660 株/hm^2 和 58800 株/hm^2，大豆单作、间作的密度分别为 250000 株/hm^2 和 156800 株/hm^2。2014 年玉米单作的密度比间作高 13.4%，单作产量比间作高 6.3%；大豆单作的密度比间作高 59.4%，单作产量比间作高 46.5%。因此，间作对提高玉米产量有优势。

表 4-5　2013～2014 年玉米单间作条件下的农艺性状及产量

年份	处理	穗长(cm)	穗粗(cm)	穗鲜重(g)	穗干重(g)	千粒重(g)	产量(t/hm^2)
2013	MIS	15.4	4.3	196.4	111.6	278.6	7.19
	MM	13.3	4.2	178.6	98.6	243.5	8.17
2014	MIS	14.5	14.1	181.6	109.8	282.2	6.63
	MM	13.8	13.8	179.7	98.9	271.2	7.05

表 4-6　2013～2014 年大豆单间作条件下的农艺性状及产量

年份	处理	豆荚鲜重(g)	豆荚干重(g)	单株荚数(个)	百粒重(g)	产量(t/hm^2)
2013	MIS	118.4	32.2	63	19.8	1.79
	MS	104.2	26.5	40	15.1	2.44
2014	MIS	71.9	56.1	42	39.1	7.37
	MS	72.2	55.3	40	37.7	10.80

4.7　讨论与结论

4.7.1　间作对地表径流和土壤侵蚀的影响

玉米间作大豆，在玉米行间种植大豆可以增加地表覆盖度，减少地表径流和土壤侵蚀的产生。单间作条件下玉米和大豆叶面积指数的变化呈单峰曲线变化，苗期至大喇叭口期直线增加，喇叭口期至孕穗期增加缓慢，孕穗期之后开始下降。两年田间试验间作玉米的峰值分别为3.32和4.25，比单作玉米分别提高了5.6%和9.6%；间作大豆的峰值分别为5.46和8.07，比单作大豆分别提高了4.2%和11.4%。与玉米间作花生一致(焦念元等，2007)，叶面积指数增加，地表覆盖度将增加，地表径流和土壤侵蚀将减少。两年试验结果显示，与裸地相比，种植作物产流次数减少，表现为玉米大豆间作＞大豆单作＞玉米单作。间作比单作玉米径流量减少23.0%～24.4%，间作比单作大豆径流量减少19.4%～29.4%。两年试验种植密度不同，间作与单作玉米在减少径流量方面差别较小，可以说明种植密度对玉米的影响没有对大豆的影响大。间作比单作玉米土壤侵蚀量减少28.1%～32.5%，间作比单作大豆土壤侵蚀量减少29.0%～33.8%。云南坡耕红壤玉米间作大豆，与单作相比，径流量和土壤侵蚀量显著减少，这一结果与其他间作一致(Zougmore et al.，2000；安瞳昕等，2007；褚军等，2014)。

玉米间作大豆，地下部分也有不可忽视的作用，有研究认为玉米间作大豆使根系量增加，提高根系的固土能力(黑志辉等，2014)。本研究通过对单间作土壤容重和孔隙度研究，认为不同处理在相同坡位间差异不显著。间作使土壤的团聚体数量发生了变化，间作显著增加了土壤中大团聚体的数量，而小团聚体间差异不显著。1～2mm粒级间作比单作玉米、单作大豆显著增加了25.3%和27.4%，大于2mm粒级间作比单作玉米、单作大豆显著增加了45.6%和21.1%，单作玉米比单作大豆显著增加了31.1%。大于2mm的抗蚀性强，1～2mm的抗蚀性弱，而小于1mm的几乎没有抗蚀作用(黄昌勇等，2013)。因此，间作通过增加土壤中大团聚体的比例，提高土壤的抗蚀性，这一结果与苹果园间作白三叶结果基本一致，苹果园间作白三叶增加了果园土壤水稳性团聚体平均重量直径，降低了团聚体破坏率，显著提高了0～20cm土层中大于0.25mm水稳性团聚体的含量及其稳定性(王英俊等，2013)。

4.7.2 间作对氮流失的影响

间作同时在一块地上种植两种作物，而单作只种植一种作物。作物施肥时，间作地块将对两种作物进行施肥，而单作只施一种作物。因此，从一定程度来看，间作地块的施肥量要大于单作地块。玉米间作大豆，与单作相比，玉米吸收氮量增加，大豆吸收氮量减少(李少明等，2004；刘均霞等，2008)。间作与单作相比，多施入土壤中的氮没有被玉米吸收，将会导致氮的流失量增加。本研究结果发现，相同坡位上，单间作种植条件下土壤氮素含量在上坡位和中坡位差异不显著，下坡位单作玉米和单作大豆差异不显著。下坡位间作玉米和大豆(MIS)与单作玉米(MM)、单作大豆(MS)差异显著，土壤中的氮素含量间作比单作玉米、单作大豆显著提高32.%和22.8%。两年试验结果显示，氮流失量表现为MM＞MS＞MIS，2013年间作比单作玉米、单作大豆分别减少32.5%和38.6%，2014年间作比玉米单作、大豆单作分别减少了19.4%和1.67%。与单作相比，间作可以有效减少氮的流失，这一结果与玉米间作三叶草一致，玉米间作三叶草，玉米间作比单作氮流失降低15%～37%(Manevski et al.，2015)。

减少养分流失的主要机制是通过等高植物篱种植模式减少径流量和泥沙流失量

(Wang et al.，2012)，蒲玉琳等(2014)研究紫色土认为，径流与泥沙流失量的减少与径流氮浓度的降低是植物篱控制坡耕地氮素流失的主要机制。玉米间作大豆，坡耕地氮流失的减少主要取决于径流和泥沙流失量的减少。两年试验结果显示，玉米与大豆 2∶2 等高种植模式、不同种植密度下，间作与单作相比，显著减少了径流量和土壤侵蚀量，种植密度对大豆的影响较大，而对玉米的影响较小，氮流失与径流量和土壤侵蚀量表现一致。

4.7.3　研究结论

(1) 玉米大豆生长季节(5～9 月)，7 月降雨量最大，其次是 6 月和 8 月，而 5 月和 9 月降雨量较少。2013 年间作和单作大豆均减少了产流次数 1 次，2014 年改变种植密度及方式，间作减少了产流次数 3 次，单作大豆减少产流次数 1 次。

(2) 单间作对土壤容重的影响差异不显著，而增加土壤大团聚体的含量，1～2mm 粒级间作比单作玉米、单作大豆分别显著增加了 25.3%和 27.4%，大于 2mm 粒级间作比单作玉米、单作大豆分别显著增加了 45.6%和 21.1%，单作玉米比单作大豆显著增加了 31.1%。大团聚体的增加，可增加土壤的抗蚀性，减少氮的流失。

(3) 相同作物，间作作物叶面积指数均高于单作作物，间作玉米峰值比单作玉米在 2013 年和 2014 年分别提高了 5.6%和 9.6%，间作大豆的峰值比单作大豆分别提高了 4.2%和 11.4%。

(4) 间作与裸地相比，径流量和土壤侵蚀量显著减少了 21.6%～50.0%；间作与单作相比，径流量显著减少了 19.4%～29.4%，土壤侵蚀量显著减少了 28.1%～33.8%。间作与单作相比，径流损失氮显著减少了 19.4%～38.6%，土壤侵蚀流失的全氮显著减少了 28.7%～42.1%。

第5章　不同土地利用方式对土壤氮流失的影响

土地利用方式与土壤各种养分的变化密切相关(王效举等，1998；黄云凤等，2004；张心昱等，2007；陈春瑜等，2012)，土壤氮在不同土地利用类型中的流失量为菜地＞水浇地＞旱地(孔祥斌等，2004)。滇池流域土地利用方式随着年份的增长不断变化，水质污染状况指标呈现持续恶化的趋势(张洪等，2012)。有调查显示，每年从滇池流域种植业流失的化肥纯氮达 2575t，蔬菜和花卉地的单位面积氮流失量远高于水田和旱地，是水田和旱地的 7～20 倍，菜地每年流失氮量 204kg/hm^2(陆轶峰等，2003)。中国农业科学院土壤肥料研究所的初步试验结果显示，水体污染严重的滇池、太湖、巢湖和三峡库区，占流域农田总面积 15%～35%的菜果花农田对流域水体富营养化的贡献率接近或大大超过约占农田总面积 70%的大田作物(张维理等，2004)。不同利用方式下，设施菜地土壤全氮含量明显高于露天菜地，设施菜地种植年限与土壤全氮含量变化表现为显著相关(曾希柏等，2009)。菜地的不同利用方式，将会导致大量的氮在土壤中积累，从而影响氮的流失。

在经济因素的驱动下，蔬菜种植面积逐渐增加，云南省蔬菜种植面积占耕地面积的 17.4%(龙荣华等，2013)。滇池流域大棚花卉和大棚蔬菜的种植面积大幅度上升(桂萌等，2003)，昆明地区蔬菜、花卉种植在设施栽培条件下，土壤碱解氮含量随着棚龄年限的增大，表层土壤至深层土壤都呈持续上升趋势(苏友波等，2004)。滇池流域的土地利用方式发生了改变，菜地的氮流失将随之改变，设施栽培和露地栽培将对滇池水体面源污染带来新的挑战。通过对入湖口附近的氮含量进行监测，旱季的污染负荷很小，只占全年总量的 5%～10%，农田污染的释放主要集中在雨季 6～8 月，以地表径流的方式进入滇池，污染负荷占全年总量的 90%以上(桂萌等，2003)。滇池地下水位较高，不同土层渗漏的氮含量或浓度，很容易进入滇池水体，随着大棚年限的增长，土壤剖面(0～60cm)土层中硝态氮在不断累积，大棚种植区土壤的 NO_3^- 累积严重威胁地下水环境。不同土地利用方式，氮对面源污染的负荷有待研究。

国内外很多学者研究了流域面源污染物的流失规律、流失形态以及影响因素(Campbell et al.，1984；Arheimer et al.，2000；陈志良等，2008)。而针对不同土地利用方式、农户种植习惯施肥等进行实测氮渗漏流失的研究较少。本研究以滇池流域集约化菜地的不同利用方式为研究对象，分析集约化菜地氮的渗漏流失特征。通过对不同土地利用方式的 10 个监测点进行一年的实地监测，掌握集约化菜地氮渗漏流失在不同土地利用方式、不同土层深度和不同时间的变化特征，探索不同土地利用方式下氮渗漏流失对农业面源污染负荷的影响，为滇池流域农业面源污染治理和控制提供参考依据，为流域产业结构调整减少面源污染提供理论基础。

5.1　土壤和地下水位的变化

选取裸露闲置地、露天菜地、大棚菜地三种利用方式，其土壤氮含量测定见表 5-1。

表 5-1　监测点不同土地利用方式下土壤氮含量

土地利用方式		土层(cm)	监测次数	土壤氮平均值		
				NH_4^+—N(mg/kg)	NO_3^-—N(mg/kg)	TN(g/kg)
裸露闲置地	BL2	0～5	5	0.34	89.87	1.01
		5～20	5	0.37	89.91	1.39
		20～40	5	2.88	144.84	1.23
		40～100	5	1.08	133.43	0.99
露天菜地	OV1	0～5	3	47.30	577.12	1.13
		5～20	3	46.45	302.03	1.52
		20～40	3	42.97	207.66	1.23
		40～100	3	46.17	102.95	0.82
	OV2	0～5	7	25.80	593.46	1.35
		5～20	7	24.49	199.67	1.52
		20～40	7	28.08	99.70	1.98
		40～100	7	26.54	59.20	1.44
	OV3	0～5	5	35.74	436.09	1.57
		5～20	5	38.38	369.58	1.04
		20～40	5	39.43	258.72	1.45
		40～100	5	37.52	103.72	1.06
大棚菜地	GC2	0～5	5	37.40	549.34	1.94
		5～20	5	34.38	170.87	1.30
		20～40	5	35.03	147.39	1.17
		40～100	5	37.81	100.99	0.92
	GC3	0～5	5	53.46	696.85	1.65
		5～20	5	43.42	364.90	1.33
		20～40	5	41.57	348.72	1.26
		40～100	5	35.99	101.27	1.03

选取闲置荒地进行测定，铵态氮和硝态氮的含量均表现为 20～40cm 土层最高，其次是 40～100cm 土层，全氮在 5～100cm 土层随深度增加而减少。露天菜地中，铵态氮的含量在 24.49～47.30mg/kg 之间变化；硝态氮的变幅较大，在 59.20～577.12mg/kg 之间变化，各监测点硝态氮表现出随土壤深度的增加而递减的趋势；全氮在 0.82～1.98g/kg 间变化，

变幅较小，各层次间变化没有递进性。大棚菜地铵态氮、硝态氮和全氮分别在 34.38～53.46mg/kg、100.99～696.85mg/kg 和 0.92～1.94g/kg 间变化，硝态氮和全氮含量均随土层深度的增加而减少。

不同土地利用中裸露闲置地的全氮和硝态氮在 0～5cm、5～20cm 的含量均低于露天菜地和大棚菜地。裸露闲置地没有进行施肥，土壤中的铵态氮较少，在 0～5cm、5～20cm、20～40cm、40～100cm 四个土层中，铵态氮的含量均低于露天菜地和大棚菜地。在 0～5cm 和 5～20cm 土层中，露天菜地和大棚菜地铵态氮的含量分别是裸露闲置地的 75.0～157.2 倍和 66.2～125.5 倍。

同一监测点相同土层，土壤中硝态氮含量大于铵态氮含量，铵态氮占全氮含量的 0.03%～5.63%，硝态氮占全氮含量的 4.11%～51.07%。硝态氮带负电荷，不易被以带负电荷为主的胶体吸附，移动性大，易于流失，对环境造成的风险大。

监测不同点位渗漏水时，同时监测地下水位状况，10 个监测点地下水位在 0.2～1.03m 间变化。同一监测点，地下水位变幅较大，变异系数达 16.0%～59.5%(表 5-2)。地下水位平均值为 0.44m，随时间在不断变化，雨季地下水位低，旱季地下水位高，地下水位最低在 7 月，最高在 3 月和 11 月。从一年的变化来看，呈典型的“V”形变化(图 5-1)。

表 5-2　不同监测点地下水位

土地利用方式		监测次数	平均值(m)	变异系数 C_V(%)
裸露闲置地	棚间(BL1)	18	0.47	29.1
	荒地(BL2)	18	0.46	51.0
	棚间(BL3)	18	0.44	54.3
露天菜地	蔬菜(OV1)	18	0.36	16.0
	蔬菜(OV2)	18	0.49	59.5
	蔬菜(OV3)	18	0.32	28.1
大棚菜地	设施花卉(GC1)	18	0.39	56.0
	设施蔬菜(GC2)	18	0.70	29.5
	设施蔬菜花卉(GC3)	18	0.48	47.2
	设施花卉(GC4)	18	0.31	31.4

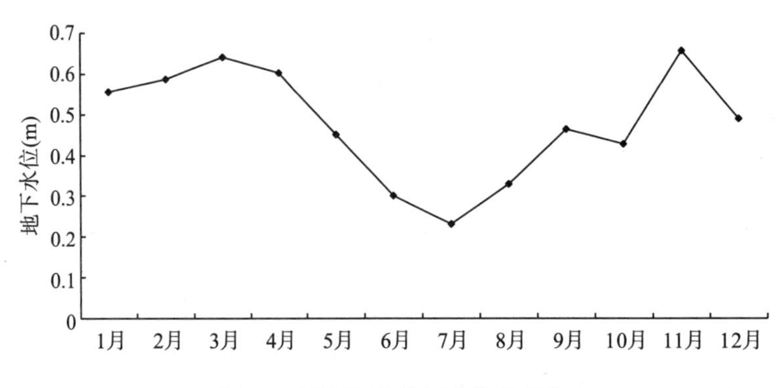

图 5-1　不同月份地下水位的变化

5.2　不同土地利用方式不同土层氮流失变化

5.2.1　不同土地利用方式 0～20cm 土层

10 个监测点的土地利用分为裸露闲置地、露天菜地和大棚菜地，0～20cm 裸露闲置地、露天菜地和大棚菜地中铵态氮分别占全氮的2.5%～17.6%、1.4%～5.6%和3.8%～22.7%，硝态氮分别占全氮的 53.7%～78.1%、75.8%～78.5%和 62.3%～77.6%。渗漏水中的氮以硝态氮为主，占全氮的 50%以上，氮对水体的污染主要是硝态氮。铵态氮带正电荷，易被以带负电荷为主的土壤胶体吸附，而硝态氮带负电荷，不易被以带负电荷为主的土壤胶体吸附，移动性大，极易随水移动，从而导致硝态氮在渗漏水中的浓度大。裸露闲置地、露天菜地和大棚菜地铵态氮的平均浓度分别为 3.48mg/L、2.97mg/L、1.43mg/L；硝态氮的平均浓度分别为 25.73mg/L、55.15mg/L、16.46mg/L；总氮浓度平均为 38.00mg/L、72.63mg/L、22.63mg/L（表 5-3）。铵态氮的含量表现为裸露闲置地＞露天菜地＞大棚菜地，硝态氮和总氮浓度均表现为露天菜地＞裸露闲置地＞大棚菜地。

表 5-3　0～20cm 土层不同土地利用方式渗漏水中氮浓度

土地利用方式		取样次数	氮浓度（mg/L）			土地利用类型平均浓度（mg/L）		
			NH_4^+—N	NO_3^-—N	TN	NH_4^+—N	NO_3^-—N	TN
裸露闲置地	BL1	18	6.63	20.27	37.73	3.48±2.84	25.73±7.96	38.00±6.48
	BL2	18	1.10	34.87	44.62			
	BL3	18	2.70	22.05	31.66			
露天菜地	OV1	18	0.87	48.63	61.94	2.97±2.68	55.15±27.15	72.63±34.95
	OV2	18	2.04	33.55	44.27			
	OV3	18	6.00	86.26	111.68			
大棚菜地	GC1	18	1.49	4.08	6.55	1.43±0.34	16.46±8.32	22.63±10.95
	GC2	18	1.62	20.52	30.14			
	GC3	18	1.68	21.94	28.96			
	GC4	18	0.94	19.31	24.87			

5.2.2　不同土地利用方式 0～40cm 土层

监测点位于滇池附近，地下水位较低，10 个监测点地下水位为 31～70cm。在 0～40cm 土层，有的监测点在相应时段内，与地下水位相连通，将会影响水中硝态氮的含量。裸露闲置地、露天菜地和大棚菜地中铵态氮分别占全氮的 4.8%～15.5%、1.3%～5.7%和 5.5%～19.0%，硝态氮分别占全氮的 65.0%～79.7%、76.8%～86.6%和 55.4%～76.5%。渗漏水中的氮以硝态氮为主，占 55%以上，与 0～20cm 土层一致。裸露闲置地、露天菜地和大棚菜地铵态氮的平均浓度分别为 3.05mg/L、1.59mg/L、2.49mg/L；硝态氮的平均浓度分别为 25.82mg/L、55.25mg/L、21.39mg/L；总氮浓度平均为 35.88mg/L、67.25mg/L、30.42mg/L（表 5-4）。与 0～20cm 土层相比，裸露闲置地和露天菜地的总氮有所降低，而铵态氮和硝态氮几乎没有变化，大棚菜地表现为总氮、铵态氮和硝态氮均增加。从不同土地利用方式来看，铵态氮表现为裸露闲置地＞大棚菜地＞露天菜地，硝态氮和总氮表现为露天菜地＞裸露闲置地＞大棚菜地。

表 5-4 0～40cm 土层不同土地利用方式渗漏水中氮浓度

土地利用方式		取样次数	氮浓度(mg/L)			土地利用类型平均浓度(mg/L)		
			NH_4^+—N	NO_3^-—N	TN	NH_4^+—N	NO_3^-—N	TN
裸露闲置地	BL1	18	5.49	23.06	35.47	3.05±2.14	25.82±9.28	35.88±9.27
	BL2	18	2.16	36.16	45.35			
	BL3	18	1.51	18.23	26.82			
露天菜地	OV1	18	0.81	50.14	63.52	1.59±0.80	55.25±25.88	67.25±27.22
	OV2	18	2.41	32.31	42.08			
	OV3	18	1.56	83.30	96.14			
大棚菜地	GC1	18	0.99	2.89	5.22	2.49±1.39	21.39±15.77	30.42±20.61
	GC2	18	3.36	41.23	55.70			
	GC3	18	3.96	18.56	30.84			
	GC4	18	1.66	22.89	29.93			

5.2.3 不同土地利用方式 0～100cm 土层

对于 0～100cm 土层，裸露闲置地、露天菜地和大棚菜地铵态氮分别占总氮的 3.7%～10.5%、2.5%～3.0%和 2.2%～14.3%，硝态氮分别占总氮的 71.1%～73.4%、76.4%～87.3%和 62.3%～70.5%。渗漏水中氮主要以硝态氮的形式流失较多，硝态氮占总氮的 62%以上。与 0～20cm、0～40cm 土层相比，铵态氮占全氮的比例下降，而硝态氮占全氮的比例上升。裸露闲置地、露天菜地和大棚菜地中铵态氮的平均浓度分别为 1.05mg/L、0.96mg/L、0.83mg/L，硝态氮的平均浓度分别为 14.10mg/L、29.16mg/L、14.27mg/L；总氮浓度平均为 19.68mg/L、35.40mg/L、20.64mg/L（表 5-5）。从不同土地利用方式来看，铵态氮表现为裸露闲置地＞露天菜地＞大棚菜地，硝态氮和总氮表现为露天菜地＞大棚菜地＞裸露闲置地。

相同土地利用方式下，0～20cm、0～40cm、0～100cm 土层相比，10 个监测点均与地下水相通。从总体平均值分析，0～40cm 土层与 0～20cm 土层裸露闲置地的铵态氮和总氮浓度分别减少 12.4%和 5.6%，硝态氮浓度增加 0.4%；露天菜地铵态氮和总氮分别减少 46.5%和 7.4%，硝态氮增加 0.2%；大棚菜地铵态氮、硝态氮和总氮分别增加了 74.1%、29.9%和 34.4%。0～100cm 土层比 0～20cm 土层裸露闲置地的铵态氮、硝态氮和总氮浓度分别减少了 69.8%、45.5%和 48.2%，露天菜地分别减少 67.7%、47.1%和 51.3%，大棚菜地分别减少了 42.0%、13.3%和 8.8%。0～100cm 土层比 0～40cm 土层裸露闲置地的铵态氮、硝态氮和总氮浓度分别减少了 65.5%、45.8%和 45.2%，露天菜地分别减少 39.6%、47.2%和 47.4%，大棚菜地分别减少了 66.7%、33.3%和 32.1%。从减少的幅度来看，铵态氮大于硝态氮。

表 5-5　0～100cm 土层不同土地利用方式渗漏水中氮浓度

土地利用方式		取样次数	氮浓度(mg/L)			土地利用类型平均浓度(mg/L)		
			NH_4^+—N	NO_3^-—N	TN	NH_4^+—N	NO_3^-—N	TN
裸露闲置地	BL1	18	1.32	9.36	12.76	1.05±0.24	14.10±4.26	19.68±6.20
	BL2	18	0.91	15.3	21.52			
	BL3	18	0.91	17.64	24.75			
露天菜地	OV1	18	0.95	24.18	31.66	0.96±0.20	29.16±10.6	35.40±10.60
	OV2	18	0.77	21.93	27.17			
	OV3	18	1.17	41.36	47.36			
大棚菜地	GC1	18	0.85	3.70	5.94	0.83±0.14	14.27±7.48	20.64±10.34
	GC2	18	0.63	19.94	28.47			
	GC3	18	0.89	14.24	20.92			
	GC4	18	0.96	19.18	27.22			

5.3　不同土地利用方式氮流失随时间的变化

5.3.1　裸露闲置地

裸露闲置地的选取有 2 块棚间地，1 块刚好种植完蔬菜的闲置荒地。0～20cm、0～40cm 和 0～100cm 土层的棚间地(BL1、BL3)在 1～12 月的变化趋势基本一致(图 5-2～图 5-4)。由于处于大棚间，其氮的流失受大棚的影响较大，在大棚进行施肥或灌水时，将会出现相应的峰值。棚间不种植作物，裸露于自然状态，同时受到自然降雨的影响。依据降雨的汛期可分为春季(旱季 1～4 月)、夏季(雨季 5～10 月)和冬季(旱季 11～12 月)。棚间经过春季、冬季的干旱，大棚施肥及灌水将氮转移一部分到棚间，没有足够的水将其淋洗，使氮保蓄在土壤中。5 月开始降雨，大量的硝态氮随水移动，会出现一个峰值。6～8 月，降雨较多，淋失中不断地稀释硝态氮的浓度，在 7～9 月不同土层中均表现为硝态氮的浓度较低。而在冬春季将随大棚的施肥而随之变化。

裸露闲置地中的闲置荒地(BL2)与棚间地(BL1、BL3)表现各异，闲置荒地不受周围施肥的影响，仅随自然降雨而发生变化。从三个不同土层浓度来看，变化趋势基本一致。干旱季节基本没有硝态氮的流失，而进入雨季之后，硝态氮的含量最高，主要是蓄积在土壤中的氮均在雨季进行淋洗。由于种植蔬菜施肥量较大，干旱季节通气性好，大量的铵态氮将转化为硝态氮，土壤中累积的硝态氮较多，从而使得雨季硝态氮的含量高于棚间裸露闲置地。

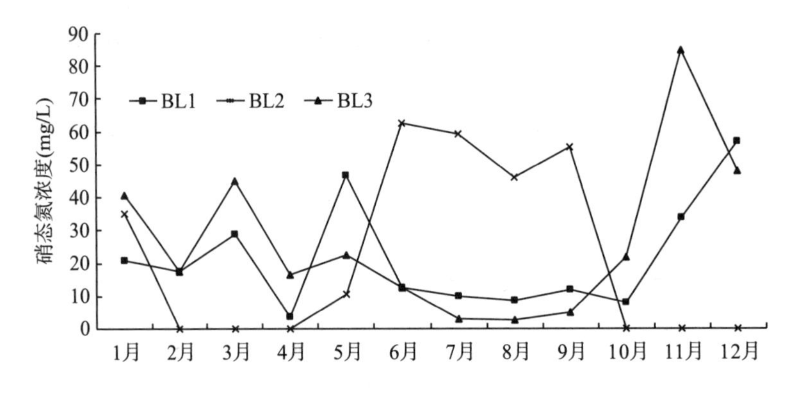

图 5-2　0～20cm 土层裸露闲置地硝态氮浓度随时间的变化

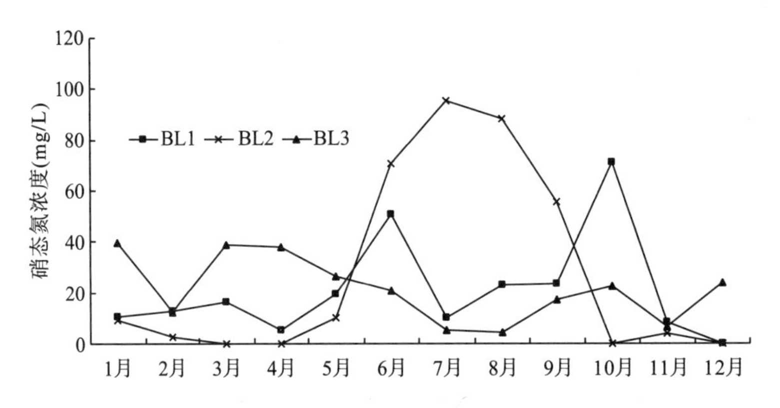

图 5-3　0～40cm 土层裸露闲置地硝态氮浓度随时间的变化

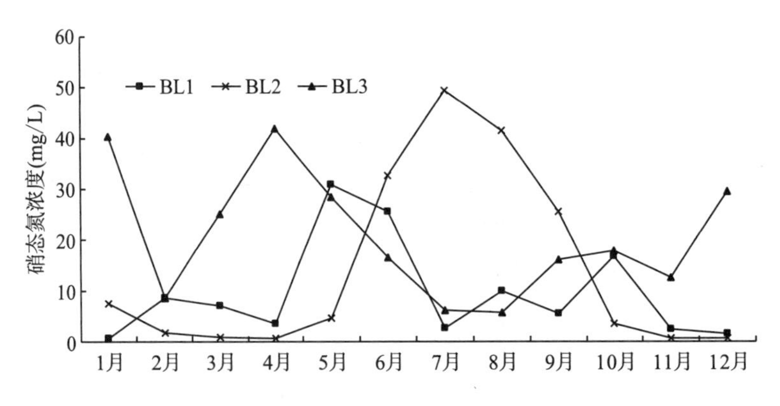

图 5-4　0～100cm 土层裸露闲置地硝态氮浓度随时间的变化

5.3.2　露天菜地

露天种植蔬菜，三个监测点(OV1、OV2、OV3)的变化趋势基本一致(图 5-5～图 5-7)。渗漏水中的硝态氮浓度主要受自然因素的影响，其次为施肥和灌溉。冬春季干旱，硝态氮的淋失少，浓度低，0～20cm、0～40cm 和 0～100cm 土层均未超过 100mg/L。进入雨季，农户随之进行施肥，大量的降雨条件下，硝态氮的淋溶增加，硝态氮的浓度随之递增，高峰值出现在 0～20cm，最高达 242.97mg/L。露天菜地种植随季节性较明显，春季进行耕种和施肥，3～4 月渗漏水中的硝态氮浓度开始增加，而 10 月以后开始下降。

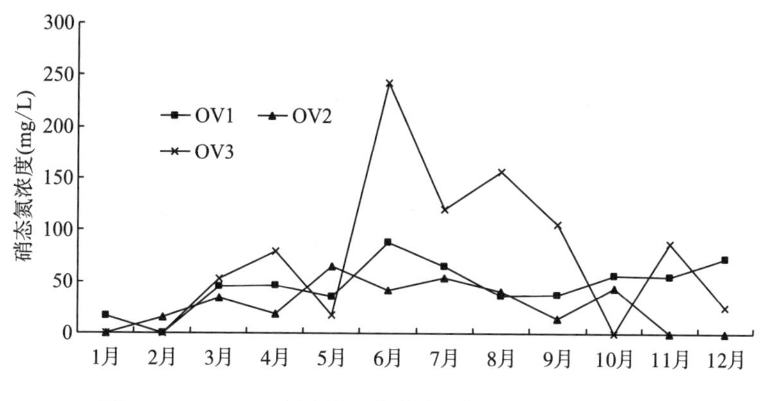

图 5-5　0～20cm 土层露天菜地硝态氮浓度随时间的变化

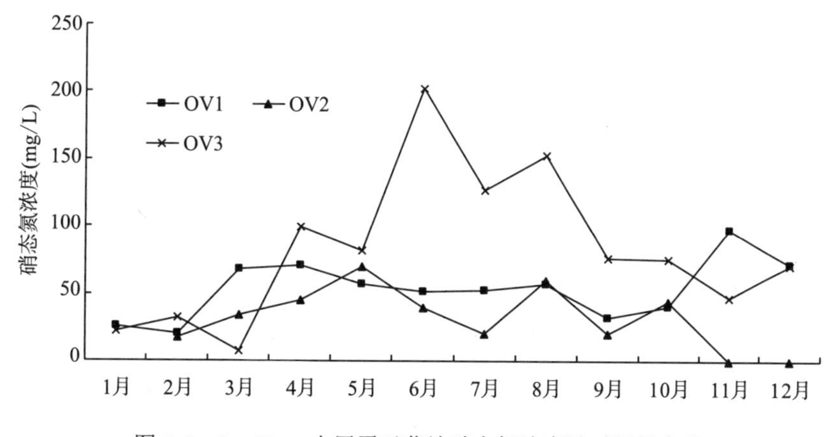

图 5-6　0～40cm 土层露天菜地硝态氮浓度随时间的变化

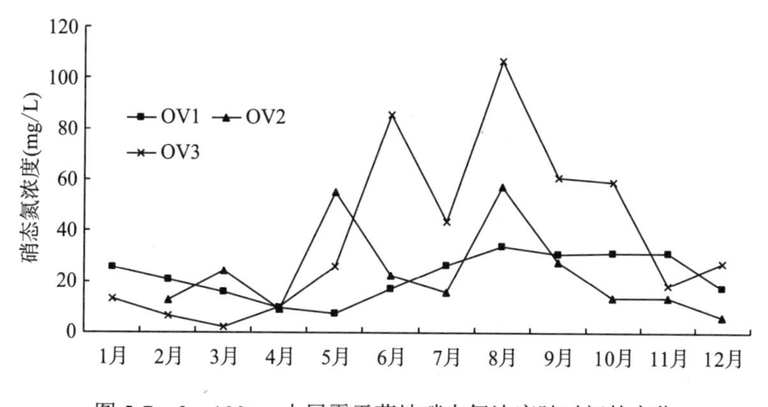

图 5-7　0～100cm 土层露天菜地硝态氮浓度随时间的变化

5.3.3 大棚菜地

从图 5-8～图 5-10 可知，4 个监测点的 3 个土层间硝态氮的浓度随时间的变化趋势不一致，不同种植模式随雨季和旱季表现出不同的规律性。大棚菜地农作物 GC1 为玫瑰、GC2 为西芹-瓢菜-小白菜-西芹轮作种植蔬菜，GC3 为西芹-勿忘我的蔬菜与花卉轮作，

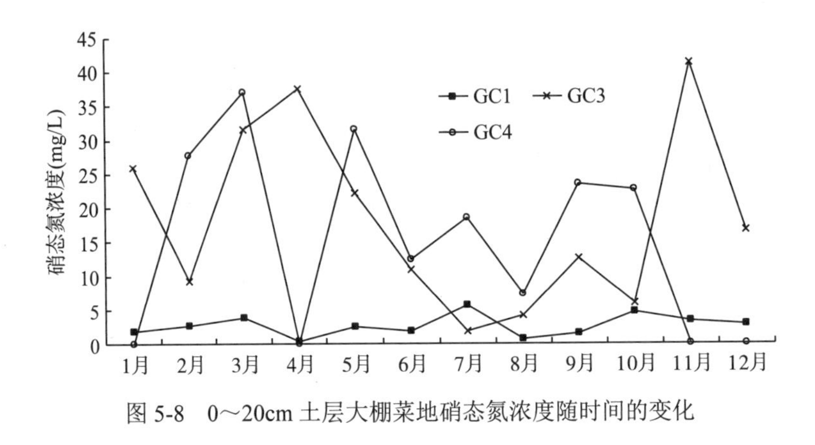

图 5-8　0～20cm 土层大棚菜地硝态氮浓度随时间的变化

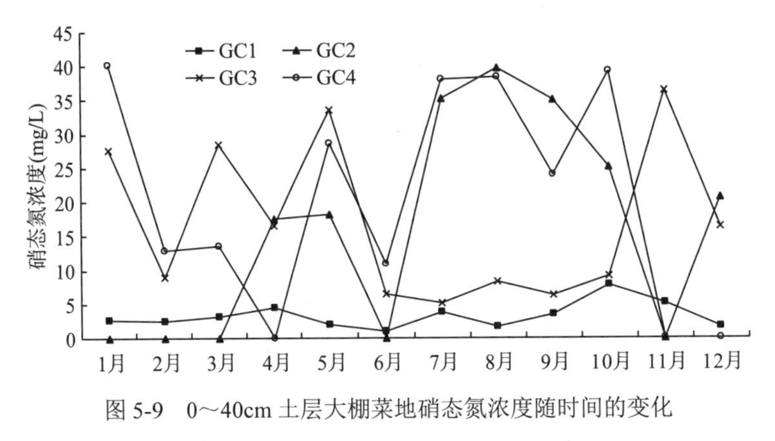

图 5-9　0～40cm 土层大棚菜地硝态氮浓度随时间的变化

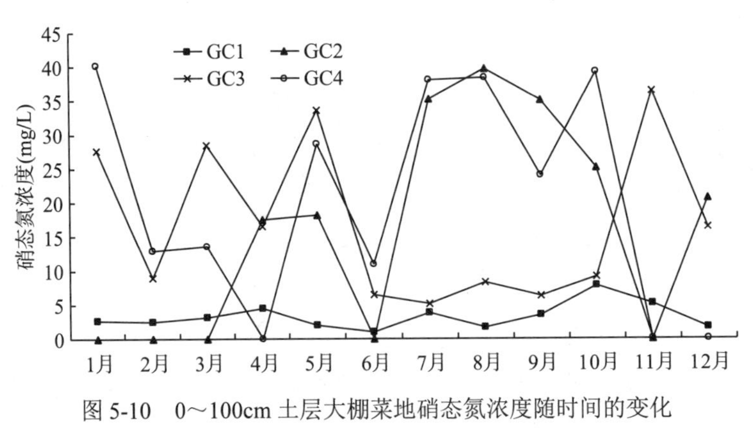

图 5-10　0～100cm 土层大棚菜地硝态氮浓度随时间的变化

GC4 种植食用玫瑰。种植玫瑰的大棚(GC1)，其渗漏水中硝态氮的含量波幅较小，都没有超过 10mg/L。轮作种植西芹-瓢菜-小白菜-西芹(GC2)在 0～20cm 土层没有收集到渗漏水，0～40cm 和 0～100cm 的硝态氮的浓度均在雨季较高，旱季较低。种植西芹-勿忘我的蔬菜与花卉轮作模式(GC3)，在雨季硝态氮的浓度较低，而旱季较高。种植食用玫瑰(GC4)在 0～20cm 土层硝态氮浓度旱季高，雨季低；0～40cm 和 0～100cm 土层硝态氮浓度表现为雨季高，旱季低。

5.4　雨季对不同土地利用方式氮流失的影响

呈贡大渔乡和晋宁新街镇相毗邻，属昆明所辖区域，雨季为 5～10 月，旱季为 1～4 月、11～12 月。硝态氮占渗漏水中总氮的 50%以上，是渗漏水氮的主要流失形态。雨季和旱季，雨水的增加与减少，将会引起硝态氮的淋失与累积。雨季渗漏液增加，淋失硝态氮量相应增加，而旱季渗漏液少，淋洗弱，硝态氮将会在土壤中累积，会对后期的淋失增加浓度。研究探讨不同土地利用方式下，雨季和旱季硝态氮的浓度在不同土层间的变化，为评价硝态氮对地下水的污染提供参考，有助于不同农业措施对渗漏液中硝态氮的调控。

同一监测点位，分析雨季和旱季不同层次渗漏液中硝态氮的浓度，各监测点的利用参差不齐，没有完全表现出一致性(表 5-6)。裸露闲置地中的 BL1 和 BL3，0～20cm 土层，BL1 和 BL3 渗漏液硝态氮浓度表现为雨季小于旱季，BL3 间表现为差异显著。0～40cm、0～100cm 土层渗漏液硝态氮浓度表现为雨季大于旱季，0～40cm 土层 BL2 表现差异显著。裸露闲置地中，渗漏液硝态氮浓度可描述为 0～20cm 土层雨季小于旱季，0～40cm、0～100cm 土层表现为雨季大于旱季。

露天菜地中，0～20cm 土层，由于受施肥的影响，渗漏液硝态氮浓度 OV1、OV2 和 OV3 表现为雨季大于旱季，OV2、OV3 差异显著。0～40cm 土层，渗漏液硝态氮浓度 OV2 和 OV3 表现为雨季大于旱季，0～100cm 土层 OV1、OV2 和 OV3 表现为雨季大于旱季，OV3 差异显著。露天菜地中，由于在雨季适逢蔬菜种植旺季，农户进行大量施肥，从而导致渗漏液中的硝态氮浓度表现为雨季大于旱季。

表 5-6　不同土地利用方式雨季和旱季的硝态氮流失变化　(单位：mg/L)

土地利用方式		雨季			旱季		
		0～20cm	0～40cm	0～100cm	0～20cm	0～40cm	0～100cm
裸露闲置地	BL1	16.28ab	32.81a	15.22ab	26.87ab	8.90ab	3.94b
	BL2	38.92a	32.81a	15.22ab	5.86b	2.61b	1.99b
	BL3	11.27b	16.03b	15.15b	42.06a	26.51ab	26.41ab
露天菜地	OV1	52.93ab	48.52ab	24.54b	39.24ab	58.99a	20.23b
	OV2	43.40a	42.24a	32.08ab	11.38b	16.14ab	10.96b
	OV3	107.22a	119.21a	63.71b	40.74b	46.38b	12.99c

续表

土地利用方式		雨季			旱季		
		0～20cm	0～40cm	0～100cm	0～20cm	0～40cm	0～100cm
大棚菜地	GC1	2.79a	3.31a	3.11a	2.51a	3.23a	5.41a
	GC2	—	25.51a	25.58a	—	6.36b	7.95b
	GC3	9.61b	11.49ab	7.63b	27.11a	22.39ab	19.86ab
	GC4	19.32a	29.89a	29.76a	10.82b	11.09b	17.56ab

注：不同小写字母表示同一监测点土层间的差异显著($P<0.05$)，后同。

大棚菜地中，4 个监测点，0～20cm 渗漏液硝态氮浓度有 2 个监测点表现为雨季大于旱季，有 1 个监测点表现为雨季小于旱季，有 1 个监测点没有监测到渗漏液。0～40cm 土层，3 个监测点(GC1、GC2、GC4)渗漏液硝态氮浓度表现为雨季大于旱季；0～100cm 土层，2 个监测点(GC2、GC4)渗漏液硝态氮浓度表现为雨季大于旱季，2 个监测点(GC1、GC3)渗漏液硝态氮浓度表现为雨季小于旱季。监测点 GC1，雨季和旱季在不同层次渗漏液硝态氮浓度变化较小，在 2.51～5.41mg/L 之间变化，雨季和旱季的差异不显著。调查 GC1 显示，GC1 监测点注重有机肥的施用，从而使得渗漏液硝态氮的浓度较低。

5.4.1 不同土地利用方式对地下水硝态氮的影响

10 个监测点地下水的平均值为 0.44m，变幅为 0.2～1.03m，0～100cm 土层已经与地下水相连通，其监测到的渗漏液中硝态氮的浓度已经是地下水中硝态氮的浓度。在旱季采取每月监测 1 次，雨季每月监测 2 次，总计监测 18 次。采用地下水硝态氮含量的分级方法，将地下水质量分为 5 个等级：0～2mg/L 为优良；2～5mg/L 为良好；5～10mg/L 为达标，处于警戒状态；10～20mg/L 为超标；≥20mg/L 为严重超标(刘宏斌等，2001)。如表 5-7 所示，监测点硝态氮的浓度出现在不同等级的频率，表现出不同土地利用方式对硝态氮浓度的影响及贡献不同。裸露闲置地的 3 个监测点，良好以上的变幅为 11.1%～33.3%，达标的变幅为 22.2%～27.8%，超标为 5.6%～27.8%，严重超标达 16.7%～38.9%。裸露闲置地 3 个监测点，共计监测 54 次，54 次的频率分布为良好以上的占 31.4%，达标的占 24.1%，超标的占 16.7%，严重超标的占 27.8%。合计有 44.5%的地下水不达标。露天菜地 3 个监测点，良好以上的频率为 5.6%，达标和超标的均占 16.7%～22.2%，严重超标的占 44.4%～61.1%。露天菜地 3 个监测点，共监测 54 次，54 次的频率分布为良好以上的占 5.6%，达标的占 20.4%，超标的占 20.4%，严重超标的占 53.6%，合计有 74.0%不达标。大棚菜地 4 个监测点，良好以上的占 0～44.4%，达标的占 5.6%～33.3%，超标的占 16.7%～27.8%，严重超标的占 27.8%～66.7%。大棚菜地 4 个监测点，共监测 72 次，72 次的频率分布为良好以上的占 29.2%，达标的占 18.1%，超标的占 16.7%，严重超标的占 36.0%。

不同土地利用方式下，硝态氮在 0～100cm 与地下水连通，硝态氮的浓度即为地下水的浓度，采用硝态氮含量的分级方法，硝态氮含量频率分布良好以上等级表现为裸露闲置地＞大棚菜地＞露天菜地，变幅 5.6%～31.4%；硝态氮含量频率分布达标等级表现为裸露闲置地>露天菜地>大棚菜地，变幅 18.1%～24.1%；硝态氮含量频率分布超标等级表现为露天菜地>裸露闲置地=大棚菜地，变幅 16.7%～20.4%；硝态氮含量频率分布严重超标等级表现为露天菜地>大棚菜地>裸露闲置地，变幅为 27.8%～53.7%。硝态氮含量频率分布达标以上表现为裸露闲置地>大棚菜地>露天菜地，超标以上表现为裸露闲置地<大棚菜地<露天菜地。不同土地利用方式下，露天菜地硝态氮对地下水的污染最大，大棚菜地次之，裸露闲置地最小。

表 5-7　不同土地利用方式 10 个监测点硝态氮浓度频率分布

土地利用方式		样本数(个)	硝态氮含量频率分布(%)					
			<2mg/L	2～5mg/L	5～10mg/L	10～20mg/L	>20mg/L	合计
裸露闲置地	BL1	18	22.2	16.7	27.8	16.7	16.7	100
	BL2	18	33.3	11.1	22.2	5.6	27.8	100
	BL3	18	0.0	11.1	22.2	27.8	38.9	100
露天菜地	OV1	18	0.0	0.0	22.2	22.2	55.6	100
	OV2	18	5.6	5.6	22.2	22.2	44.4	100
	OV3	18	0.0	5.6	16.7	16.7	61.1	100
大棚菜地	GC1	18	44.4	22.2	33.3	0.0	0.0	100
	GC2	18	0.0	11.1	11.1	27.8	50.0	100
	GC3	18	11.1	22.2	22.2	16.7	27.8	100
	GC4	18	5.6	0.0	5.6	22.2	66.7	100

5.4.2　不同土地利用方式流失氮的相关性

不同土地利用方式下，测定 0～20cm、0～40cm 和 0～100cm 土层渗漏液中的铵态氮、硝态氮、水溶性总氮和总氮的浓度，分析铵态氮、硝态氮、水溶性总氮、总氮浓度间的相关性(表 5-8)。利用 SPSS 19.0 中的皮尔森相关系数(Pearson correlation coefficient)进行分析，铵态氮与硝态氮、水溶性总氮和总氮的相关系数分别为 0.283(不显著)、0.387(显著)、0.391(显著)，说明铵态氮与硝态氮没有线性相关关系，而铵态氮与水溶性总氮、总氮的浓度有显著的正相关性。硝态氮与水溶性总氮、总氮的相关系数分别为 0.991(极显著)、0.986(极显著)，说明硝态氮与水溶性总氮、总氮的浓度有极显著的线性正相关性。水溶性总氮与总氮的相关系数数为 0.995(极显著)，说明水溶性总氮与总氮浓度间有极显著的线性正相关性。

表 5-8　不同土地利用方式渗漏液中铵态氮、硝态氮、水溶性总氮、总氮间的相关性

	铵态氮	硝态氮	水溶性总氮	总氮
铵态氮	1	0.283	0.387*	0.391*
硝态氮		1	0.991**	0.986**
水溶性总氮			1	0.995**

注：*和**分别表示相关程度达到 0.05 和 0.01 水平。

自变量硝态氮与水溶性总氮相关，自变量铵态氮、硝态氮和水溶性总氮均与因变量总氮相关，自变量对因变量有直接贡献，也有通过其他自变量而引起的间接贡献，其自变量和因变量的相关系数是其自变量的直接贡献和间接贡献的综合反映。通过通径分析，可以分清自变量对因变量直接和间接贡献的大小。对不同土地利用方式下渗漏液中铵态氮、硝态氮、水溶性总氮与总氮进行通径分析，结果表明虽然铵态氮、硝态氮和水溶性总氮均与总氮有相关关系，但是它们的直接与间接通径系数有较大的差异(表 5-9)。水溶性总氮对总氮的直接通径系数较大，水溶性总氮通过铵态氮和硝态氮对总氮的间接通径系数也较大。硝态氮对总氮的直接通径系数次之，通过水溶性总氮对总氮的间接通径系数较大，但通过铵态氮对总氮的间接通径系数较小。铵态氮对总氮的直接通径系数较小，通过硝态氮和水溶性总氮对总氮的间接通径系数也很小。因此，铵态氮与总氮间的良好关系不在于铵态氮对总氮的直接贡献，而在于铵态氮通过硝态氮和水溶性总氮的间接贡献。硝态氮对总氮的直接贡献也小于硝态氮通过水溶性总氮对总氮的间接贡献。

表 5-9 不同土地利用方式渗漏液中铵态氮、硝态氮、水溶性总氮、总氮的通径分析表

通径	通径系数	间接通径系数(间接作用)			
	直接作用	铵态氮	硝态氮	水溶性总氮	合计
铵态氮	0.032	—	0.059	0.300	0.359
硝态氮	0.210	0.009	—	0.768	0.777
水溶性总氮	0.775	0.009	0.208	—	0.217

5.5 讨论与结论

5.5.1 不同土地利用方式对土壤氮渗漏的影响

土地利用类型不同，氮流失存在明显差异，5 种土地类型中种植蔬菜的土地氮的流失量最大，达 10.21kg/hm^2(沈连峰等，2012)。耕地不同利用方式对土壤有机质和氮、磷、钾等大量元素含量的影响显著，菜地由于受高施肥量的影响，土壤养分的含量明显高于粮田(赵庚星等，2005)。王朝辉等(2002)对不同类型菜地和农田土壤进行测定，菜地 0～200cm 各土层的硝态氮残留量均高于农田土壤，常年露天菜地 200cm 土层的硝态氮残留总量为 1358.8kg/hm^2，2 年大棚菜田为 1411.8kg/hm^2，5 年大棚菜地则达 1520.9kg/hm^2，而一般农田仅为 245.4kg/hm^2，硝态氮在菜地中的残留量远高于一般农田，菜地硝酸盐严重威胁菜区地下水环境。杜会英等(2010)对太湖和滇池流域的保护地进行研究发现，同类蔬菜种植在相同土壤的保护地上，随着种植年限的增加，化肥氮当季利用率显著下降，收获蔬菜后，化肥氮残留量在 0～20cm 土层显著高于 20cm 以下土层。太湖流域农田土壤中 NO_3^-—N 累积量与渗漏水中氮素含量之间具有极显著的正相关关系，菜地和果园由于高施肥量的影响，氮在土壤和渗漏水中的含量均显著高于水田(宋科等，2009)。降水和灌溉带来的下渗水流是累积在土壤中的硝酸盐向下迁移直至淋失的必要条件(张庆忠等，

2002)。氮在土壤中逐渐积累，当对蔬菜进行灌溉或自然降雨时，氮将渗漏到地下水中，导致地下水的污染(Bergstrom，1987)。本研究结果显示，不同土地利用方式下，氮的渗漏流失主要以硝态氮为主，流失硝态氮占总氮的 53.7%以上，硝态氮和总氮在裸露闲置地、露天菜地、大棚条件下表现为露天菜地＞裸露闲置地＞大棚菜地。硝态氮是渗漏流失的主要形式，这一结果与 Cao 等(2005)研究白菜和莴苣轮作中的氮流失情况一致，硝态氮的渗漏占氮素总流失量的 90%以上。硝态氮的淋失随灌溉和降雨量的增加而增加(Jackson et al.，1994；陈子明等，1995)，大棚菜地氮的淋洗量低于裸露闲置地和露天菜地，而裸露闲置地没有进行施肥，氮淋洗量大于大棚菜地，说明大棚菜地淋洗少主要是受降雨和灌溉的影响，降雨大于灌溉。露天菜地和裸露闲置地处于相同的降雨条件下，由于露天菜地要进行施肥，土壤中的氮相对积累量更大，而裸露闲置地不进行施肥，土壤中的氮相对积累量更小，当降雨时，氮的淋洗将随土壤中的氮量而变化。因此露天菜地氮的渗漏流失量大于裸露闲置地。滇池流域地下水位高，10 个监测点地下水在 0.2～1.03m 间变化。监测深度达 100cm 时，即与地下水连通，硝态氮的浓度即可反映地下水的污染状况。硝态氮含量频率分布达标以上表现为裸露闲置地＞大棚菜地＞露天菜地，超标以上表现为露天菜地＞大棚菜地＞裸露闲置地。不同土地利用方式下，露天菜地硝态氮对地下水的污染最大，大棚菜地次之，裸露闲置地最小。这主要是受施肥和降雨的影响。

通过对滇池入湖口附近的氮含量进行监测，旱季的污染负荷很小，只占全年总量的 5%～10%，农田污染的释放主要集中在雨季 6～8 月，以地表径流的方式进入滇池，污染负荷占全年总量的 90%以上(桂萌等，2003)。渗漏淋洗在一年中的变化研究较少，有研究认为生长季节较多的降雨使大量的硝态氮被淋至根区之外(Campbell et al.，1984)。本研究发现，10 个监测点中硝态氮的浓度均随时间而变化，受施肥等因素的影响，出现峰值各异。裸露闲置地中，渗漏液硝态氮浓度在 0～20cm 土层为雨季小于旱季，0～40cm、0～100cm 土层表现为雨季大于旱季。露天菜地硝态氮浓度在 3 种不同层次中均表现为雨季大于旱季。大棚菜地受种植作物、轮作等影响，雨季和旱季表现不一致。根据前人研究结果，NO_3^-—N 淋失时期主要是在 7、8 月份，硝态氮的淋洗随降雨量的增加而增加(陈子明等，1995)。因此，露天菜地的情况与前人研究结果一致，大棚菜地主要受灌溉的影响较大，而降雨对大棚菜地渗漏的影响小于灌溉。

5.5.2　不同土层深度对土壤氮渗漏的影响

降雨主要影响 0～2m 土层的 NO_3^-—N 累积，而灌溉则可影响到 4m 或更深层次的 NO_3^-—N 累积。灌溉与旱地对 NO_3^-—N 的淋洗影响不同，0～140cm 土层的 NO_3^-—N 含量表现为旱地高于灌溉，140cm 以下土层土壤 NO_3^-—N 含量表现为灌溉明显高于旱地，因此，灌溉水将 NO_3^-—N 淋洗到根区以下很深的层次(袁新民等，2000)。大棚菜地土壤硝酸盐主要分布在 0～40cm 土层内，土壤硝酸盐含量随土层深度的增加而减少(张乃明等，2006)。菜地土壤硝态氮残留量随土层深度增加而减少，其减少速率因土层深度而异，土壤硝态氮残留量在 0～60cm 土层迅速减少，在 60～200cm 土层中减少速度较慢

(王朝辉等，2002)。本研究发现，0～100cm 土层与 0～20cm、0～40cm 土层相比，铵态氮、硝态氮和总氮浓度均表现为减少，这与前人研究结论一致，同时，随着土层深度的增加，铵态氮、硝态氮和总氮浓度均减少。0～40cm 土层与 0～20cm 土层相比，裸露闲置地和露天菜地的铵态氮和总氮浓度减少，硝态氮浓度增加；大棚菜地铵态氮、硝态氮和总氮均增加，这与前人研究结果不一致。这主要是因为施肥与降雨、灌溉间的关系，旱季裸露闲置地和露天菜地表层通气性好，氮容易转化为硝态氮，降雨迅速淋失到较深的层次，但深度相关不大。大棚条件下，施肥伴随着灌溉，大量的肥料随水发生淋失，因此导致 0～40cm 土层的铵态氮、硝态氮和总氮均高于 0～20cm 土层。

综上所述，滇池流域氮的渗漏流失，在 0～20cm、0～40cm 和 0～100cm 土层氮的流失量均表现为露天菜地＞裸露闲置地＞大棚菜地。因为大棚的覆盖，阻挡降雨对土壤的淋失作用，雨水不能直接冲刷和淋洗土壤中的氮和施入的肥料氮，减少氮素的流失。从减少水体富营养化和环境保护的角度出发，滇池流域应该发展大棚菜地业，与露天种植业相比，大棚有利于环境保护。

5.5.3 研究结论

(1)通过对不同土地利用方式下 0～20cm、0～40cm 和 0～100cm 土层 10 个监测点渗漏液中氮素浓度的测定，渗漏液中氮素形态主要以硝态氮为主，0～20cm 土层中硝态氮占总氮的 53.7%～78.1%，0～40cm 土层中硝态氮占总氮的 55.4%～86.6%，0～100cm 土层中硝态氮占总氮的 62.3%～87.3%，随着浓度的增加，硝态氮所占比例逐渐增加。渗漏液中铵态氮浓度表现为裸露闲置地＞露天菜地＞大棚菜地，硝态氮和总氮表现为露天菜地＞大棚菜地＞裸露闲置地。

(2)不同土地利用方式下，0～100cm 土层比 0～20cm 土层裸露闲置地的铵态氮、硝态氮和总氮浓度分别减少了 69.8%、45.5%和 48.2%，露天菜地分别减少了 67.7%、47.1%和 51.3%，大棚菜地分别减少了 42.0%、13.3%和 8.8%。0～100cm 土层比 0～40cm 土层裸露闲置地的铵态氮、硝态氮和总氮浓度分别减少了 65.5%、45.8%和 45.2%，露天菜地分别减少了 39.6%、47.2%和 47.4%，大棚菜地分别减少了 66.7%、33.3%和 32.1%。从减少的幅度来看，铵态氮大于硝态氮。

(3)10 个监测点中硝态氮的浓度均随时间而变化，受施肥等因素的影响，出现峰值各异。裸露闲置地中，渗漏液硝态氮浓度为：0～20cm 土层，雨季小于旱季；0～40cm、0～100cm 土层，雨季大于旱季。露天菜地硝态氮浓度在三种不同土层层次中均表现为雨季大于旱季。大棚菜地受种植作物、轮作等影响，雨季和旱季的表现不一致。

(4)10 个监测点平均地下水位为 0.44m，变幅为 0.2～1.03m。0～100cm 土层已经与地下水相连通，采用地下水硝态氮含量的分级方法，将地下水质量分为 5 个等级：0～2mg/L 为优良；2～5mg/L 为良好；5～10mg/L 为达标，处于警戒状态；10～20mg/L 为超标；＞20mg/L 为严重超标。不同土地利用方式下，露天菜地硝态氮含量在严重超标等级的频率达 53.7%，最高值达 133.4mg/L。露天菜地硝态氮对地下水的污染最大，大棚菜地次之，裸露闲置地最小。

(5)渗漏液中铵态氮与水溶性总氮和总氮相关性显著，硝态氮与水溶性总氮和总氮相关性极显著，水溶性总氮和总氮相关性显著。水溶性总氮对总氮的直接贡献大。铵态氮与总氮间的良好关系不在于铵态氮对总氮的直接贡献，而在于铵态氮通过硝态氮和水溶性总氮的间接贡献。硝态氮对总氮的直接贡献也小于硝态氮通过水溶性总氮对总氮的间接贡献。

第6章　不同施肥种类对土壤氮流失的影响

随着蔬菜需求量的不断增加，蔬菜种植面积日益扩大。在经济利益的驱使下，菜农对化肥的投入越来越多，高投入、高产出已制约着蔬菜的发展。大量施肥带来的负面影响及环境污染屡见报道(Ramos et al.，2002；Ju et al.，2011；张维理等，1995；刘宏斌等，2004；龚文等，2010)。已有研究表明，长期大量施用化肥使土壤养分在0～20cm土层大量积累，土壤养分在20～40cm土层出现不同程度的增加(Schwab et al.，1989)。滇中坡耕地种植烤烟，随着施氮量的增加，烤烟对氮的吸收量与施肥量的比值由45.02%减小至25.91%，氮素的径流流失明显上升(宋娅丽等，2010)。不同施肥水平的径流氮流失浓度均较高，减量施肥可明显降低径流TN和NO_3^-—N的流失浓度，与当地常规施肥相比，减施肥料20%和30%可分别降低径流TN流失浓度的40%、32%和NO_3^-—N流失浓度的23%、35%(谢真越等，2013)。硝态氮的淋洗率在10%～40%之间，施肥量越高，淋洗率越大，淋洗氮量与渗漏水量之间存在明显的相关关系(Cookson et al.，2000)。施氮量高于200kg/hm^{2}的情况下，种植马铃薯的土壤氮素淋失量在110kg/hm^{2}以上，占施氮量的51.0%～72.1%(Waddell et al.，2000)。因此，减少施肥量可以减少氮的流失量。

集约化菜地土壤氮肥要减量施用，这样既提高肥料利用率，又达到保护环境的作用，实现经济效益和生态效益的协调发展。北方露天大白菜在三个化学氮肥用量(375kg/hm^2、750kg/hm^{2}和1125kg/hm^2)处理下产投比值均低于2.0，氮肥土壤残留率均超过了50%，而且随氮肥用量增加土壤剖面硝态氮残留量呈线性递增(刘宏斌等，2004)。蔬菜生长期间，施氮量高于专家推荐施肥量，硝态氮的渗漏达到150～300kg/hm^2，无机氮在0～60cm土层达到200kg/hm^2(Ramos et al.，2002)。有学者研究认为，化学氮肥用有机肥替代，可以有效减少氮的流失(Cao et al.，2005；黄东风等，2009b；张春霞等，2013)。通过对滇池流域农户有机肥施用调查，在经济利益的驱使下，很多农田施用有机肥量达到5～8t/亩①，施用量较少的也有1～3t/亩，甚至有些农田施用有机肥量高达15～20t/亩。本研究采用原位模拟试验，依据农户的习惯施肥，针对化学氮肥和有机肥的施用状况，设定不同施肥水平，测定氮的径流和渗漏量，探索不同化肥施用量、有机肥施用量水平下，径流和渗漏对氮流失特征的影响，为集约化菜地生产实践中化学氮肥与有机肥的配合施用提供理论依据和参考。

① 1亩约为666.7m^2。

6.1　化学氮对氮流失的影响

6.1.1　土壤剖面氮素的变化

试验利用移动分体式模拟降雨器，对不同施化肥(尿素)量进行处理，化学氮的用量分别为 0kg/hm^2(T1)、935kg/hm^2(T2)、1580kg/hm^2(T3)和 2225kg/hm^2(T4)，分析 0～5cm 和 5～20cm 土层土壤不同氮素形态的变化(图 6-1)。当径流发生后，不施肥处理(T1)与原状土的硝态氮和铵态氮含量均减少，0～5cm 土层硝态氮减少了 14.1%，铵态氮减少了 35.3%；5～20cm 土层硝态氮减少了 28.6%，铵态氮减少了 43.5%。T2、T3 和 T4 处理，径流发生后，由于增加不同的施肥量，铵态氮带正电荷，易被以带负电荷为主的胶体吸附，0～5cm 和 5～20cm 土层铵态氮的含量均增加，增幅为 179.9%～809.6%；硝态氮带负电荷，在水中的移动性大，0～5cm 土层均低于原状土，同时随着施肥量的增加有减少的趋势，变幅为 32.5%～57.9%；5～20cm 土层受径流冲刷影响较小，施肥后硝态氮没有增加，与原状相比，减少了 34.3%～49.3%，T2 比不施肥 T1 的土壤硝态氮含量少，T3、T4 比 T1 略有增加。因此，施化肥氮后地表发生径流，施化肥可增加 0～5cm 和 5～20cm 土层铵态氮的含量，但不能增加硝态氮的含量。

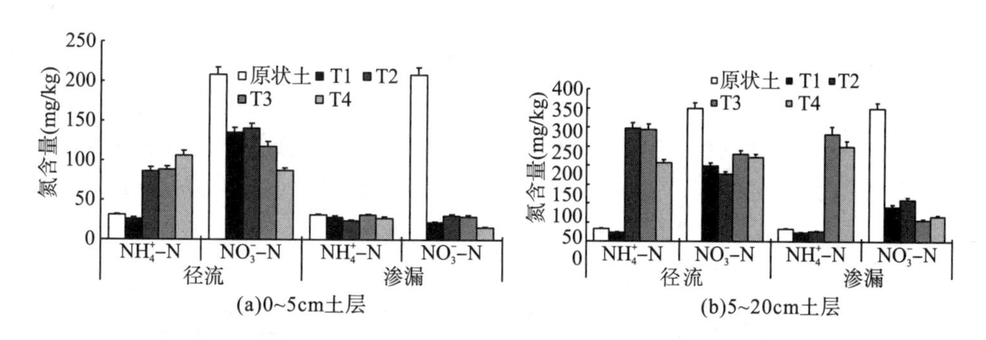

图 6-1　径流和渗漏后 0～5cm 和 5～20cm 土层土壤中硝态氮和铵态氮的含量

土层产生渗漏以后，不施肥 T1 或低施肥 T2 条件下，0～5cm 和 5～20cm 土层铵态氮的含量减少，而高施肥 T3 和 T4 条件下，铵态氮的含量增加；硝态氮在 0～5cm 土层减少的幅度较大，减少幅度为 85.5%～92.4%，5～20cm 土层施肥处理(T2、T3、T4)减少的幅度为 68.5%～81.2%。因此，施化肥氮后发生渗漏，0～5cm 土层铵态氮含量在高施肥条件下有所增加，低施肥条件下不能增加，硝态氮在 0～5cm 和 5～20cm 土层都大幅度减少，变幅为 68.5%～92.4%。

从全氮含量来看(图 6-2)，发生径流和渗漏以后，无论是不施肥处理还是施肥处理，0～5cm 土层全氮含量均低于原状土。5～20cm 土层，径流产生后不施肥处理(T1)、施肥处理 T2 和 T3 的全氮含量高于原状土，T4 全氮含量低于原状土；渗漏产生后不施肥处理(T1)、施肥处理 T2 全氮含量高于原状土，施肥处理 T3 和 T4 低于原状土。径流和渗漏发生后，0～5cm 土层全氮含量减少，5～20cm 土层在不施肥和低施肥量下高于原状土。

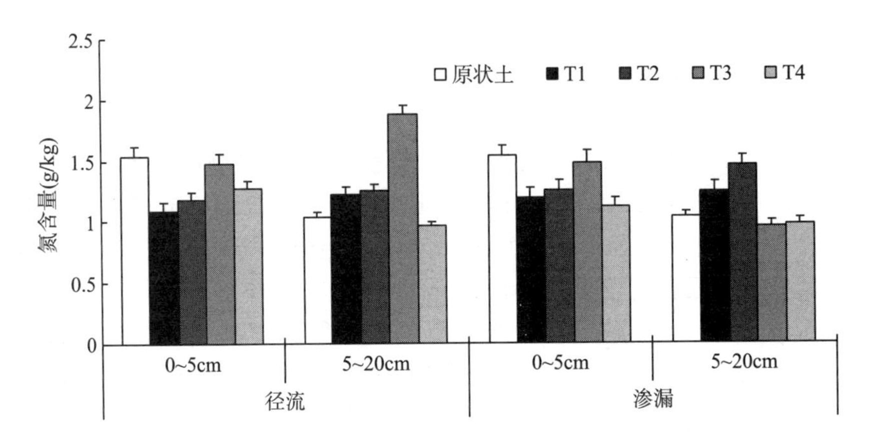

图 6-2 径流和渗漏后 0～5cm 和 5～20cm 土层土壤中全氮的含量

6.1.2 径流和渗漏液中氮素浓度变化特征

表 6-1 中 T1、T2、T3 和 T4 处理分别为施用化学氮 0kg/hm^2(T1)、935kg/hm^2(T2)、1580kg/hm^2(T3)和 2225kg/hm^2(T4)。从总氮来看，无论是径流还是渗漏，伴随着施肥量的增加，径流和渗漏液中总氮浓度都在不断地增加。施化学氮肥之后，径流中增加的总氮量与不施肥(T1)差异显著，化学氮肥不同施用量使径流中的总氮显著增加了 3.2～5.1 倍。渗漏流失氮中，不施氮肥(T1)与施氮肥处理间差异显著，化学氮肥不同施用量使渗漏液中的总氮显著增加了 9～38 倍，低施氮量(T2)与高施氮量(T3、T4)间差异显著，增加化学氮肥施用量，使渗漏液中总氮量显著增加了 1.9～2.8 倍。

表 6-1 化学氮肥不同施用水平下径流和渗漏流失氮的浓度 (单位：mg/L)

流失方式	处理	TN	DTN	NO_3^-—N	NH_4^+—N
径流	T1	4.84±0.95b	4.17±0.97b	2.54±0.32c	0.29±0.07a
	T2	20.29±2.84a	17.51±4.21ab	3.57±0.63bc	0.33±0.06a
	T3	26.31±1.65a	23.35±1.89a	7.95±0.69b	0.69±0.09a
	T4	29.26±2.93a	24.54±3.63a	19.30±4.19a	1.11±0.24a
渗漏	T1	9.27±0.90c	6.86±0.81c	4.69±0.55b	0.48±0.06a
	T2	95.71±6.49b	74.60±12.42b	30.19±4.25a	0.73±0.11a
	T3	275.82±14.31a	275.82±14.26a	34.23±3.29a	0.95±0.06a
	T4	364.72±41.35a	316.20±51.63a	68.90±9.94a	0.82±0.05a

注：不同小写字母表示不同施肥处理间的差异显著(P<0.05)，后同。

水溶性氮(DTN)含量在径流中表现为 T4>T3>T2>T1，T1 与 T3、T4 间差异显著，显著增加了 3.2～4.9 倍；渗漏液中表现为 T4>T3>T2>T1，T1 与 T2、T3、T4 间差异显著，显著增加了 9.8～45.1 倍，T2 与 T3、T4 间差异显著，显著增加了 2.4～3.2 倍。硝态氮含量在径流中表现为 T4>T3>T2>T1，T4 与 T1、T2、T3 间差异显著，T3 和 T1 间差异显著；渗漏液中的硝态氮含量表现为 T4>T3>T2>T1，T1 与 T2、T3、T4 间差异显著，显著增加了 5.4～13.7 倍。铵态氮含量在径流中表现为 T4>T3>T2>T1，渗漏液中表现为 T3>T4>T2>T1，径流和渗漏液中差异均不显著。

从径流和渗漏液中来看，同一施肥水平，相同形态氮素流失中，除 T4 径流铵态氮高于渗漏以外，渗漏液氮浓度均高于径流中氮浓度，径流氮为渗漏氮的 7.8%～72.3%。因此，菜田中氮的流失以渗漏流失为主。

6.1.3　不同施肥水平的径流和渗漏液中不同形态氮所占的比例

不同形态氮在不同施肥处理的径流水中所占比例如图 6-3(a)所示，不同施肥量的 4 种处理的径流水中铵态氮、硝态氮、水溶性有机氮(WSON)和颗粒态氮(PN)的平均浓度分别为 0.29～1.11mg/L、2.54～19.3mg/L、4.17～24.54mg/L、0.67～4.72mg/L。不同施肥水平的径流水铵态氮、硝态氮、水溶性有机氮以及颗粒氮占总氮的百分比分别为 1.6%～6.0%、17.6%～66.0%、14.1%～67.1%和 11.2%～16.1%。铵态氮、硝态氮、颗粒态氮的浓度大小依次为 T4>T3>T2>T1，水溶性有机氮的浓度大小依次为 T3>T2>T4>T1。硝态氮所占总氮百分比依次为 T4>T1>T3>T2，铵态氮所占总氮的百分比为 T1>T4>T3>T2，水溶性有机氮所占总氮的百分比依次为 T2>T3>T1>T4，颗粒态氮所占总氮的百分比依次为 T4>T1>T2>T3。

不同施肥下渗漏水中不同形态氮所占比例如图 6-3(b)所示，4 种不同施肥水平的渗漏水铵态氮、硝态氮、水溶性有机氮以及颗粒氮的平均浓度分别为 0.48～0.95mg/L、4.69～68.90mg/L、1.7～246.5mg/L、2.41～48.52mg/L。不同施肥水平的渗漏水铵态氮、硝态氮、水溶性有机氮以及颗粒氮占总氮的百分比分别为 0.2%～5.2%、12.4%～50.6%、18.1%～79.8%和 7.4%～26.0%。硝态氮和水溶性有机氮的浓度大小依次为 T4>T3>T2>T1，颗粒

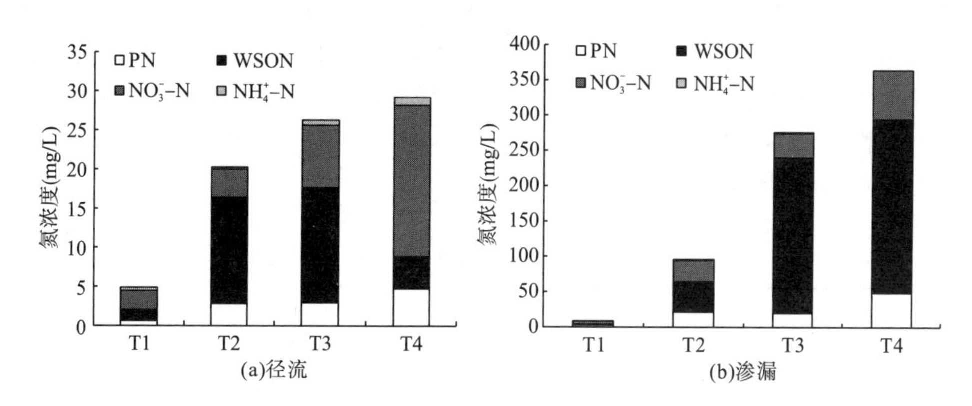

图 6-3　不同施肥处理径流和渗漏液中不同形态氮的浓度

态氮的浓度大小依次为 T4＞T2＞T3＞T1，铵态氮的浓度大小依次为 T3＞T4＞T2＞T1。水溶性有机氮占总氮的百分比依次为 T3＞T4＞T2＞T1，硝态氮和颗粒态氮占总氮的百分比依次为 T1＞T2＞T4＞T3，铵态氮占总氮的百分比依次为 T1＞T2＞T3＞T4。

6.1.4 径流和渗漏液中氮素流失与施肥量间的关系

从表 6-2 中可知，径流和渗漏产生的氮素流失量均随着施肥量的增加而增加，表现为 T4＞T3＞T2＞T1。施肥处理径流水溶性氮、总氮和硝态氮流失量分别是不施肥处理的 4.6～6.4 倍、4.5～6.6 倍和 1.5～8.2 倍，施用化学氮肥使氮流失量成倍增加，总氮负荷由 $2.05kg/hm^2$ 提高到 $13.46kg/hm^2$。施肥处理渗漏水流失的水溶性氮、总氮和硝态氮流失量分别是不施肥处理的 10.9～32.3 倍、10.3～27.6 倍和 6.4～10.3 倍，增加的幅度大于径流流失氮量，总氮负荷由 $3.28kg/hm^2$ 提高到 $90.34kg/hm^2$。

表 6-2 化学氮肥不同施用水平下渗漏和径流氮流失量 （单位：kg/hm^2）

流失方式	处理	DTN	NO_3^-—N	TN
径流	T1	1.77	1.08	2.05
	T2	8.05	1.64	9.33
	T3	8.26	2.81	9.31
	T4	11.29	8.88	13.46
渗漏	T1	2.43	1.66	3.28
	T2	26.40	10.68	33.87
	T3	63.26	11.45	68.32
	T4	78.32	17.07	90.34

单位面积流失的氮量，表现为渗漏大于径流，相同施肥处理的同一形态氮，径流流失氮量是渗漏流失氮量的 13.1%～72.8%；相同施肥处理下，渗漏水总氮流失量是径流水的 1.6～7.3 倍，菜地氮素的流失以渗漏为主要流失形式。

不同形态氮与施肥量间的相关性见表 6-3，径流中铵态氮和硝态氮与施肥量间的相关系数分别为 0.881 和 0.846，相关性不显著；径流中总氮和水溶性氮与施肥量间的相关系数分别为 0.956 和 0.956，相关性显著。渗漏水中铵态氮和硝态氮与施肥量间相关性不显著；渗漏水中总氮与施肥量间的相关性为 0.995(极显著相关)，渗漏水中水溶性氮与施肥量间的相关性为 0.986(相关性显著)。施用化学氮肥，与硝态氮和铵态氮相关性不显著，与流失总氮量和水溶性氮呈显著相关。

表 6-3 施肥与不同形态氮流失量间的相关关系

流失方式	TN	DTN	NO_3^-—N	NH_4^+—N
径流	0.956*	0.956*	0.846	0.881
渗漏	0.995**	0.986*	0.909	0.317

注：*和**分别表示相关程度达 0.05 和 0.01 水平，后同。

6.2　有机肥对氮流失的影响

6.2.1　有机肥对产流时间的影响

当降雨强度大于下渗强度时，地表将会产生多余的水，从而产生径流。相同降雨量和降雨强度下，径流产流起始时间短，土壤下渗能力弱，产流时间长。如表 6-4 所示，有机肥用量为 0t/hm^2(M1)、15 t/hm^2(M2)、30 t/hm^2(M3)、75t/hm^2(M4)和 150 t/hm^2(M5)的 5 个处理中，产流起始时间为 15.2～17.8min，平均值为 16.7min，产流时长为 40.8～43.6min，平均值为 42.1min。不同处理间的起始时间和产流时长差异不显著，不同有机肥施用水平对同一土壤径流的产生影响不显著。

降雨发生之后，雨水的下渗或渗漏过程中，相同土壤深度条件下，渗漏水起始时间越短，充分说明土壤中大孔越多，下渗速率快；相反，持续时间长(产流时长)，充分说明土壤中大孔隙少，下渗速率慢。5 个不同处理中产流起始时间为 39.3～43.4min，平均值为 41.1min；产流时长为 148.1～158.3min，平均值为 152.4min。不同处理间的起始时间和产流时长差异不显著，不同有机肥施用水平对同一土壤渗漏的产生影响不显著。

表 6-4　模拟降雨径流和渗漏的产流起始时间和产流时长

流失方式	处理	施肥量(t/ha)	雨强(mm/h)	降雨量(mm)	产流起始时间(min)	产流时长(min)
渗漏	M1	0	40	120	39.3a	155.2a
	M2	15	40	120	41.2a	148.1a
	M3	30	40	120	43.4a	158.3a
	M4	75	40	120	40.6a	149.7a
	M5	150	40	120	41.1a	150.8a
	平均值	—	—	—	41.1	152.4
径流	M1	0	120	120	15.5a	43.6a
	M2	15	120	120	17.5a	41.3a
	M3	30	120	120	15.2a	43.1a
	M4	75	120	120	17.3a	41.5a
	M5	150	120	120	17.8a	40.8a
	平均值	—	—	—	16.7	42.1

6.2.2　土壤剖面氮素的变化

如图 6-4(a)所示，对于 0～5cm 土层，由于径流产生流失，与原状土相比，不施有机肥处理铵态氮和硝态氮含量均减少，铵态氮减少了 47.8%，硝态氮减少了 97.7%；施用有机肥(M2、M3、M4、M5)处理，增加土壤中带负电荷的胶体含量，铵态氮增加了 48.5%～715.2%；硝态氮带负电荷，不易被以带负电荷为主的胶体吸附，移动性大，硝态氮减少了 54.3%～89.6%。产生渗漏流失与径流表现相同，与原状土相比，不施肥(M1)处理的铵态氮和硝态氮含量分别减少了 7.0%和 97.4%，施用有机肥的铵态氮随有机肥量的增加而增加，增加了 17.3%～1009.1%，硝态氮含量减少了 38.3%～92.5%，但土壤硝态氮含量随有机肥用量的增加而增加。

如图 6-4(b)所示，对于 5～20cm 土层，径流没有减少土壤中铵态氮的含量，土壤铵态氮的含量表现为 M5>M4>M3>M2>M1>原状土，与原状土相比，增加了 23.0%～980.5%。硝态氮的含量表现为 M5>M4>原状土>M3>M2>M1，施用有机肥量达到 75t/hm^2 时，与原状土相比，土壤硝态氮的含量增加了 1.8～3.6 倍；而施有机肥量少或不施条件下，与原状土相比，土壤硝态氮的含量减少了 15.4%～96.36%。渗漏流失的铵态氮表现为 M5>M4>M3>M2>原状土>M1，不施有机肥低于原状土，施用有机肥比原状土提高了 2.39～19.4 倍，施用有机肥之后，增加土壤中带负电荷的胶体含量，且 0～5cm 土层流失的铵态氮有部分在 5～20cm 土层被土壤胶体吸附。渗漏流失后，土壤硝态氮表现为 M5>M4>M3>原状土>M2>M1，有机肥施用量达到 30t/hm^2 时，土壤硝态氮的含量高于原状土，增加了 15.7%～154.4%；有机肥施用量为 15t/hm^2 和不施有机肥条件下，土壤硝态氮分别减少了 81.7%和 94.6%。对于 5～20cm 土层，径流和渗漏后，施用有机肥可提高土壤中铵态氮和硝态氮的含量。

径流和渗漏致使土壤中的氮流失，施用有机肥增加流失的氮量，对于 0～5cm 土层，施用有机肥达到 30 t/hm^2 时，径流和渗漏流失后的土壤全氮均高于原状土，且随着有机肥量的增加而不断地增加，与原状土相比，增幅为 12.1%～65.8%；对于 5～20cm 土层，施用有机肥量达 15 t/hm^2 时，径流和渗漏流失后的土壤全氮含量均高于原状土，土壤全氮随有机肥的增加而增加，与原状土相比，增幅为 7.7%～103.8%(图 6-5)。

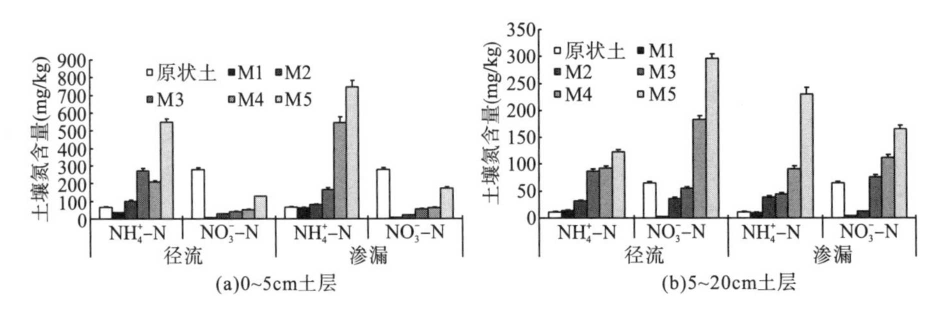

图 6-4 不同施用有机肥量径流和渗漏后 0～5cm 和 5～20cm 土壤铵态氮和硝态氮含量变化

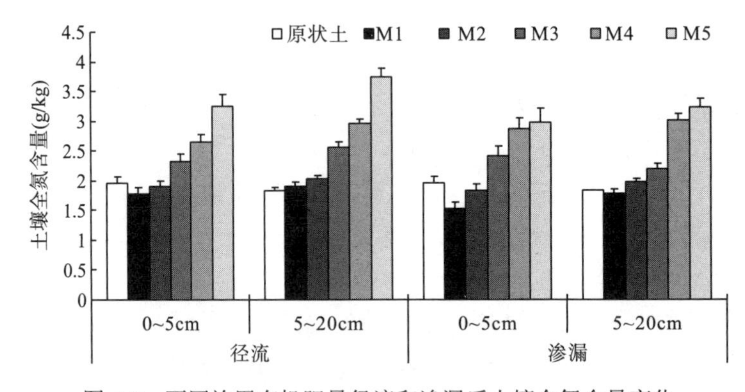

图 6-5 不同施用有机肥量径流和渗漏后土壤全氮含量变化

6.2.3　径流和渗漏液中氮素浓度变化特征

采用不同有机肥施用量，分别为 0t/hm^2(M1)、15 t/hm^2(M2)、30 t/hm^2(M3)、75t/hm^2(M4)和 150 t/hm^2(M5)。如表 6-5 所示，径流中的氮浓度随有机肥用量的增加而增加，表现为 M5＞M4＞M3＞M2＞M1。径流中铵态氮、硝态氮、水溶性氮和全氮的浓度分别在 1.30～22.68mg/L、41.30～198.80mg/L、49.54～264.01mg/L、51.26～314.68mg/L 内变化。铵态氮浓度表现为 M3、M4、M5 比 M1 显著增加了 3.24～16.45 倍，硝态氮浓度表现为 M4、M5 比 M1 显著增加了 0.90 和 3.81 倍，水溶性氮浓度表现为 M3、M4、M5 比 M1 显著增加了 0.92～4.33 倍，总氮浓度表现为 M4、M5 比 M1 显著增加了 1.62 和 5.14 倍。

渗漏水中铵态氮、硝态氮、水溶性氮、总氮的浓度在 0.79～35.75mg/L、55.66～209.54mg/L、67.76～328.55mg/L、87.21～389.24mg/L 内变化。铵态氮浓度表现为 M3、M4、M5 比 M1 显著增加了 8.70～44.25 倍，硝态氮浓度表现为 M4、M5 比 M1 显著增加了 0.76 和 2.76 倍，水溶性氮浓度表现为 M4、M5 比 M1 显著增加了 1.66 和 3.85 倍，总氮浓度表现为 M4、M5 比 M1 显著增加了 1.71～2.61 倍。硝态氮、水溶性氮和总氮浓度在相同的有机肥施用水平下，表现为渗漏水大于径流，径流水总氮占渗漏水总氮的 57.0%～80.8%。因此，不同施用有机肥水平下，硝态氮、水溶性氮和总氮浓度氮的流失以渗漏水为主，即有机肥不同施用水平下，氮的流失以渗漏为主。

表 6-5　有机肥不同施用水平下径流和渗漏流失氮浓度　(单位：mg/L)

流失方式	处理	NH_4^+—N	NO_3^-—N	TDN	TN
径流	M1	1.30d	41.30c	49.54d	51.26c
	M2	2.09cd	48.10bc	53.64cd	71.76c
	M3	5.51c	65.32bc	95.02bc	97.50bc
	M4	15.23b	78.44b	129.65b	134.55b
	M5	22.68a	198.80a	264.01a	314.68a
渗漏	M1	0.79d	55.66c	67.76c	87.21c
	M2	6.20cd	65.84bc	90.87c	110.17c
	M3	7.66c	83.06bc	119.84c	152.74c
	M4	22.24b	98.11b	180.50b	236.08b
	M5	35.75a	209.54a	328.55a	389.24a

有机肥不同施用量与不同形态氮浓度的相关关系见表 6-6，径流和渗漏水中有机肥施用水平与总氮、水溶性氮的相关系数分别为 0.963、0.980、0.981 和 0.977，表现为极显著相关；与硝态氮、铵态氮的相关系数分别为 0.947、0.957、0.957 和 0.956，表现为显著相关。

表 6-6 有机肥不同施用水平与不同形态氮浓度的相关关系

流失方式	TN	TDN	NO_3^-—N	NH_4^+—N
径流	0.963**	0.980**	0.947*	0.957*
渗漏	0.981**	0.977**	0.957*	0.956*

6.2.4 不同施肥水平径流和渗漏液中不同形态氮所占比例

不同有机肥施用量时径流水中不同形态氮所占比例如图 6-6(a)所示，5 种不同施肥下径流水中铵态氮、硝态氮、水溶性有机氮以及颗粒氮的平均浓度分别在 1.30～22.68mg/L、41.3～198.8mg/L、6.94～42.53mg/L、1.72～50.67mg/L 内波动。不同有机肥施用水平的径流水中铵态氮、硝态氮、水溶性有机氮以及颗粒氮占总氮的百分比分别为 2.54%～7.21%、58.3%～80.57%、4.81%～24.81%和 2.54%～25.25%。铵态氮、硝态氮、总氮的浓度大小依次为M5＞M4＞M3＞M2＞M1，水溶性有机氮的浓度大小依次为M5＞M4＞M3＞M1＞M2。硝态氮所占总氮百分比依次为 M1＞M2＞M3＞M5＞M4，铵态氮所占总氮的百分比为 M4＞M5＞M3＞M2＞M1，水溶性有机氮所占总氮的百分比依次为 M4＞M3＞M1＞M5＞M2，颗粒态氮所占总氮的百分比依次为 M2＞M5＞M4＞M1＞M3。

不同有机肥施用水平时渗漏水中不同形态氮所占比例如图 6-6(b)所示，5 种不同有机肥施用水平的渗漏水中铵态氮、硝态氮、水溶性有机氮以及颗粒氮的平均浓度分别在 0.79～35.75mg/L、55.66～209.54mg/L、11.31～83.26mg/L、19.45～60.69mg/L 内波动。不同施用有机肥水平渗漏水铵态氮、硝态氮、水溶性有机氮以及颗粒氮占总氮的百分比分别为 0.91%～9.42%、41.56%～63.82%、12.97%～25.48%和 15.59%～23.54%。铵态氮、硝态氮、水溶性有机氮浓度大小依次为 M5＞M4＞M3＞M2＞M1，颗粒态氮的浓度大小依次为 M5＞M4＞M3＞M1＞M2。硝态氮占总氮的百分比依次为 M1＞M2＞M3＞M5＞M4，水溶性有机氮占总氮的百分比依次为 M4＞M5＞M3＞M2＞M1，颗粒态氮占总氮的百分比依次为 M4＞M1＞M3＞M2＞M5，铵态氮占总氮的百分比依次为 M4＞M5＞M2＞M3＞M1。

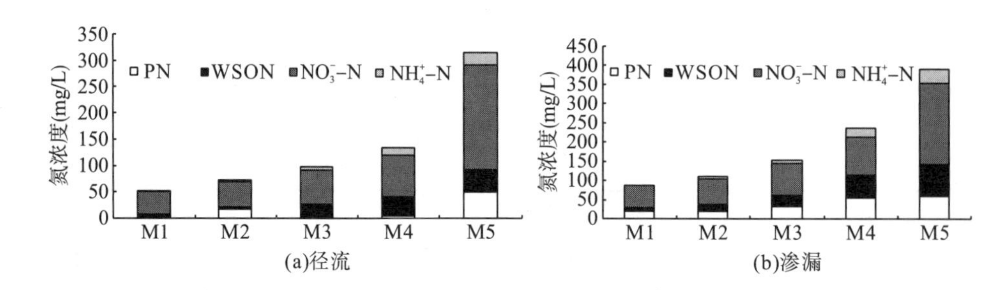

图 6-6 不同有机肥处理径流和渗漏液中不同形态氮的浓度

6.2.5　径流和渗漏液中氮素流失与施肥量间的关系

不同有机肥施用水平[0t/hm^2(M1)、15 t/hm^2(M2)、30 t/hm^2(M3)、75t/hm^2(M4)和 150 t/hm^2(M5)]与不同形态氮流失量间的相关关系见表 6-7。径流和渗漏流失中，总氮和水溶性总氮与有机肥的施肥量间的相关系数分别为 0.989、0.983、0.972 和 0.977，呈极显著相关；硝态氮和铵态氮与有机肥施用量间的相关系数分别为 0.964、0.986、0.900 和 0.952，呈极显著相关和显著相关。

不同有机肥施用量条件下，随有机肥施用量的增加，通过径流水流失的氮量也随之增加(表 6-8)。径流中铵态氮的流失量为 0.36～4.78kg/hm^2，硝态氮的流失量为 12.40～56.28kg/hm^2，水溶性总氮的流失量为 14.02～77.00kg/hm^2，总氮的流失量为 14.65～82.80kg/hm^2。铵态氮占总氮的百分比为 2.5%～8.3%，硝态氮占总氮的百分比为 57.4%～84.6%，水溶性总氮占总氮的百分比为 78.9%～95.7%。渗漏水中流失的氮随有机肥施用量的增加而增加，渗漏水中铵态氮的流失量为 0.21～11.87kg/hm^2，硝态氮的流失量为 15.14～88.98kg/hm^2，水溶总氮的流失量为 18.65～133.80kg/hm^2，总氮的流失量为 33.95～152.80kg/hm^2。铵态氮占总氮的百分比为 0.6%～7.8%，硝态氮占总氮的百分比为 44.6%～63.3%，水溶性总氮占总氮的百分比为 54.9%～88.2%。

表 6-7　有机肥不同施用水平与不同形态氮流失量的相关关系

流失方式	TN	TDN	NO_3^-—N	NH_4^+—N
径流	0.989**	0.972**	0.964**	0.900*
渗漏	0.983**	0.977**	0.986**	0.952*

表 6-8　有机肥不同施用水平下径流和渗漏流失氮量　(单位：kg/hm^2)

流失方式	处理	NH_4^+—N	NO_3^-—N	TDN	TN
径流	M1	0.36	12.40	14.02	14.65
	M2	1.12	16.50	26.57	28.75
	M3	1.84	26.98	29.15	36.95
	M4	4.47	44.41	46.00	54.10
	M5	4.78	56.28	77.00	82.80
渗漏	M1	0.21	15.14	18.65	33.95
	M2	2.58	28.15	39.25	44.50
	M3	3.24	37.28	50.15	62.85
	M4	6.16	48.60	64.10	81.10
	M5	11.87	88.98	133.80	152.80

径流水中 M1 的铵态氮高于渗漏水，其余相同有机肥施用水平同一氮素形态下，表现为渗漏水中的氮高于径流水中的氮，因此施用有机肥的条件下，土壤氮的流失以渗漏为主。

从总氮的负荷来看，径流产生的负荷是渗漏的 43.2%～66.7%，径流产生的最大负荷为 82.8kg/hm^2，渗漏产生的最大负荷为 152.8kg/hm^2，渗漏是径流的 1.85 倍。

6.3　讨论与结论

6.3.1　氮肥对氮流失的影响

合理地施用 N 肥降低氮流失对环境的潜在威胁，一直是国内外学者共同关注的问题(Keeney et al.，1989；Diez et al.，2000；陈新平等，1996)。氮肥施用量控制在合理的水平，较农民习惯施氮量减少 30%～50%能够保证番茄具有较高的产量和品质，有利于提高作物对氮素的吸收和利用，提高氮肥利用率、减少氮素损失(姜慧敏，2012)。谢真越等(2013)采用田间小区监测试验发现，与当地常规施肥相比，减施肥料 20%可分别使径流 TN 和 NO_3^-—N 流失浓度降低 40%和 23%，减施肥料 30%可分别使径流 TN 和 NO_3^-—N 流失浓度降低 32%和 35%。通过 3 年的田间定位试验研究了不同施 N 条件下蔬菜地 NO_3^-—N 淋洗浓度及淋洗量的变化，传统施 N 处理下蔬菜地 NO_3^-—N 年季平均累积淋洗量约占年季平均施 N 量的 50%，2 个优化施 N 处理 NO_3^-—N 年季平均累积淋洗量是年季平均累积施 N 量的 27%(于红梅，2007)。不施肥处理与菜农习惯施肥相比，总氮流失量占氮投入总量的 13.6%(曾招兵等，2012)。化肥施用量超过一定水平以后，其养分流失量显著增大(Cooke，1994)，滇池流域蔬菜花卉基地，氮的流失量随着施肥量的增加而增加，当纯氮用量达到 1200kg/hm^2 时，直接淋洗量达到了 79.5kg/hm^2，潜在淋洗量达到了 266.55kg/hm^2，直接淋洗量和潜在流失量分别是低量施肥(450kg/hm^2)的 2 倍和 3 倍多(胡万里等，2006)。不同土地利用氮渗漏量差异较大，渗漏量范围在 11.8～54kg/hm^2，约占施肥量的 3.1%～7.7%(张玉珍，2006)。

本研究通过原位模拟试验，研究氮流失在不同施氮水平下的径流和渗漏氮损失，随着施肥量的增加，氮的径流和渗漏损失均表现为增加，径流和渗漏流失以水溶性氮为主。与不施肥相比，增加施氮量，径流中的总氮显著增加 3.2～5.1 倍，渗漏液中的总氮显著增加 9～38 倍。相同条件下，表现为渗漏液氮浓度高于径流中氮浓度，径流氮为渗漏氮的 7.8%～72.3%，氮的流失以渗漏流失为主。研究结果与前人研究的一致，随着施氮量的增加，氮流失量将增加。有研究认为，施肥后遇暴雨，则可能导致氮素的大量流失，施肥之后的一次大降雨可产生 6～24kg/hm^2 氮流失(邱卫国等，2004)，水稻种植季内田面水和降雨径流水中氮磷的浓度呈现前期高后期低的趋势，初期施肥之后的降雨流失使稻田水中氮磷浓度大幅度降低，初期 1 次降雨氮磷流失达 12.45kg/hm^2(焦少俊等，2007)。因此，本研究氮的流失量与大田流失量有一定的差异。

6.3.2　有机肥对氮流失的影响

白菜基肥施用过程中，30%的化学氮肥用等氮量的精制有机肥替代，硝态氮的渗漏降低了 64.5%；莴苣施肥中，化学氮肥的 1/2 作基肥施用，追肥的 1/3 用等氮量的精制有机肥替代，硝态氮的渗漏降低了 46.6%(Cao et al.，2005)。露天条件下，施用有机肥(折合 N 120kg/hm^2)的增产效果显著，土壤硝态氮沿土壤剖面淋溶和淋洗损失不会增加，有机肥氮的利用率达 25%(刘宏斌等，2004)。谢真越等(2013)在有机肥施用量高达 8250kg/hm^2 时，减施肥料 20%和 30%可分别使径流 TN 流失浓度降低 40%、32%和 NO_3^-—N 流失浓度的 23%、35%。利用田间小区试验，研究有机肥和无机肥配施对菜地土壤氮素径流流失的影响，无机肥配施有机肥之后，减少了不同形态氮流失量，减少量随有机肥配施量增加而显著下降(宁建凤等，2011)。邱卫国等(2004)研究显示，增施有机肥而减少化肥用量对水稻产量没有影响，但可以在很大程度上减少水稻田面水氮素的径流(排水)流失。因此，减少化肥施用量，增加有机肥施用量，可以有效地减少氮的径流和渗漏损失。

Gustafson 等(1998)在瑞典北部的沙质土壤上进行田间试验发现，化肥和有机肥混合施用反而使养分流失量增大了。不同用量有机肥情况下，农田径流氮素流失量随之变化，总氮最小流失量为 3.74kg/hm^2，最大流失量为 47.19kg/hm^2，不施肥时总氮流失量为 4.89kg/hm^2，低施肥量时总氮流失量平均为 12.75kg/hm^2，是不施肥处理的 2.6 倍，高施肥量总氮流失量平均为 23.6kg/hm^2，分别是不施肥处理和低施肥量处理的 4.8 倍和 1.85 倍(赵林萍，2009)。有机肥中含有酸解氨基酸氮、酸解铵态氮，其含量分别占全氮含量的 28.6%～40.6%和 21.3%～33.2%，随着施用有机肥量的增加，酸解氨基酸氮、酸解铵态氮(均为可矿化氮)相应增加，径流液和渗漏液中总氮、水溶性总氮、硝态氮的浓度及流失量随之增加。因此，大量施用有机肥，氮素流失量将随之增大(杜晓玉等，2011)。

本研究结果认为，随着施肥量的增加，径流中的氮和渗漏液中的氮浓度均增加，径流中施用有机肥最高流失氮量为 82.80kg/hm^2，最低流失氮量为 28.75kg/hm^2，不施肥流失氮量为 14.65kg/hm^2，施肥分别是不施肥的 1.9～5.6 倍；施用有机肥渗漏液中的最高流失氮量为 152.80kg/hm^2，最低流失氮量为 44.05kg/hm^2，不施肥流失氮量为 33.95kg/hm^2，施肥分别是不施肥的 1.3～4.5 倍。土壤中施用有机肥后，氮的流失以渗漏流失为主，从浓度来看，径流水总氮占渗漏水总氮浓度的 57.0%～80.8%；从流失量来看，径流产生的负荷是渗漏的 43.2%～66.7%。与前人研究的结果相一致，赵林萍(2009)研究北方地区施用有机肥后氮素流失过程中，渗漏液的浓度高于径流液的浓度，渗漏液浓度与径流液浓度的比值为 1.2～5.0。

6.3.3　研究结论

(1)地表发生径流，施用化肥氮可增加 0～5cm 和 5～20cm 土层铵态氮的含量，却不能增加硝态氮的含量。发生渗漏流失，0～5cm 土层铵态氮含量在施氮量达 1580kg/hm^2 时，铵态氮增加，土壤硝态氮在 0～5cm 和 5～20cm 都大幅度减少，变幅为 68.5%～92.4%。

(2) 不同有机肥施用水平下，地表径流和渗漏流失发生之后，0～5cm 和 5～20cm 土层土壤氮均随有机肥施用量的增加而增加，0～5cm 土层，施用有机肥达到 30 t/hm^2 时，径流和渗漏流失后的土壤全氮均高于原状土，增幅为 12.1%～65.8%；5～20cm 土层，施用有机肥量达 15 t/hm^2 时，径流和渗漏流失后的土壤全氮含量均高于原状土，增幅为 7.7%～103.8%。

(3) 施用化学氮肥，径流和渗漏流失氮量不断增加，同一施肥水平相同形态氮素流失中，渗漏液氮浓度高于径流中氮浓度，径流氮为渗漏氮的 7.8%～72.3%。菜田施用化学氮肥中氮的流失主要以渗漏流失为主。施用有机肥，随施肥施用量的增加，径流和渗漏流失氮量将不断增加，相同的有机肥施用水平下，硝态氮、水溶性氮和总氮浓度表现为渗漏水大于径流水，径流水总氮浓度占渗漏水总氮浓度的 57.0%～80.8%。花卉地施用有机肥中氮的流失主要以渗漏流失为主。

(4) 施用化学氮肥，径流中总氮和水溶性氮与施肥量间的相关系数为 0.956 和 0.956，显著相关。渗漏水中总氮与施肥量间的相关性为 0.995，极显著相关，渗漏水中水溶性氮与施肥量间的相关性为 0.986，显著相关。

(5) 施用有机肥，在径流和渗漏流失中，总氮和水溶性总氮与有机肥的施肥量间的相关系数分别为 0.989、0.983、0.972 和 0.977，呈极显著相关；硝态氮和铵态氮与有机肥施用量间的相关系数分别为 0.964、0.986、0.900 和 0.952，呈显著相关。

(6) 施用化学氮肥，相同施肥处理下，径流产生总氮的最大负荷为 13.46kg/hm^2，渗漏产生总氮的最大负荷为 90.3kg/hm^2，渗漏水总氮流失量是径流水的 1.6～7.3 倍。施用有机肥，径流产生总氮的负荷是渗漏的 43.2%～66.7%，径流产生总氮的最大负荷为 82.8kg/hm^2，渗漏产生总氮的最大负荷为 152.8kg/hm^2，不同施用有机肥水平条件下，渗漏产生总氮的负荷是径流的 1.50～2.32 倍。

第7章　氮对精甲霜灵残留的影响

化肥农药对环境的污染越来越引起国内外学者的广泛关注(McAleese，1971；Hube et al.，2000；Pearce et al.，2003；朱兆良等，2005；赵其国等，2009)。化肥农药使用过程中，施用量大，利用率低。氮肥的利用率不超过30%(张福锁，2008)，其余的70%将进入环境，对环境产生污染。农药施用以后，农药施用量的80%将会进入土壤等环境中，对环境产生潜在的风险(谢文军等，2006)。已有研究表明，施肥能够影响土壤中农药的降解和转化(McGhee et al.，1995；谢文军等，2008)。农药在环境中的转化受施用地区各种环境因子(如降水量、温度、土壤的各种理化性质等)的影响(方晓航等，2002)，施肥改变了土壤的性质，如养分量、生物学特性、土壤容重、pH及含水量等，进而影响土壤中农药的降解(谢文军等，2009)。

很多研究认为，施肥会促进某些农药的降解，也会抑制另一些农药的降解。采用实验室培养方法研究莠去津污染的3种不同土壤(淡涂泥田、青紫泥田和黄筋泥田)，施用无机氮肥和磷肥可以促进土壤中莠去津的消解，不同处理中莠去津的消解速度为：氮磷肥配施＞单施氮肥＞单施磷肥＞不施肥料(张超兰等，2007)。在微生物活性的土壤和灭菌土壤中进行添加尿素或不加尿素室内试验，两种土壤加入尿素后都使特丁津降解时间比不加尿素时间长(Caracciolo et al.，2005)。同一站点，种植玉米长期施氮和不施氮相比，长期施氮抑制了阿特拉津的降解，低氮砂土加入5mg/g铵态氮，阿特拉津的降解没有显著效果(Sims et al.，2006)。McGhee等(1995)试验发现，施用硝酸铵可以促进2,4-D降解，28d后，施氮处理比对照组增加了近2.5倍。因此，氮对农药的降解，针对不同农药和土壤将会产生促进或抑制作用，研究氮对农药的降解具有重要意义。

精甲霜灵(Metalaxyl-M)[N-(2,6-二甲基苯基)-N-(甲氧基乙酰基)-丙胺酸甲基酯])，又称高效甲霜灵，是甲霜灵两个异构体中的一个，即*R*-甲霜灵，属于苯甲酰胺类农药，是当前使用最为广泛的一种杀菌剂，可以有效防治作物的病原性真菌(谢克和等，1992)。滇池流域集约化菜地蔬菜栽培中，为了获取较大的利益，精甲霜灵施用的浓度和用量远超过推荐使用量，提高了高效低残农药在土壤中的浓度及残留时间，从而导致作物吸收量增加，危害人畜安全。本研究以氮流失研究为契机，研究过量施肥或氮的流失是否会影响精甲霜灵在土壤中的残留、提升或降低药效，甚至减轻精甲霜灵在土壤中的负荷。选取红壤和菜园土，研究不同氮水平条件下，精甲霜灵在土壤中的残留，揭示施用氮肥对精甲霜灵残留的影响因素，为建立科学施用化肥、农药的环境友好型农业提供依据和参考。

7.1 土壤精甲霜灵残留测定方法

气相色谱仪工作状态：0.75min 后，氮气在分流口以 3.0612mL/min 的吹扫流量进行吹扫，最后两分钟，开始以 20mL/min 的流量进行载气节省，隔垫吹扫流量为 3.0mL/min，压力为 20.188psi[①]，分压计打开。氢气和空气的流速分别是 40mL/min 和 400mL/min。尾吹气流速为 26.939mL/min，尾吹气+恒定柱流速为 30mL/min。速率程序打开，总流速为 66.061mL/min，平均流速为 57.513cm/s，滞留时间为 0.86937min。

进样口和检测器的温度分别为 205℃和 240℃。柱温为 205℃，平衡 1min，约需 7min。以 8℃/min 速率升温至 250℃，250℃条件下运行 1min，氮气流速为 2.3291mL/min。进样量为 1μL，不分流进样。外标法定量测定，205～250℃精甲霜灵的保留时间约为 8.9min（图 7-1，图 7-2），全程共 12.375min。

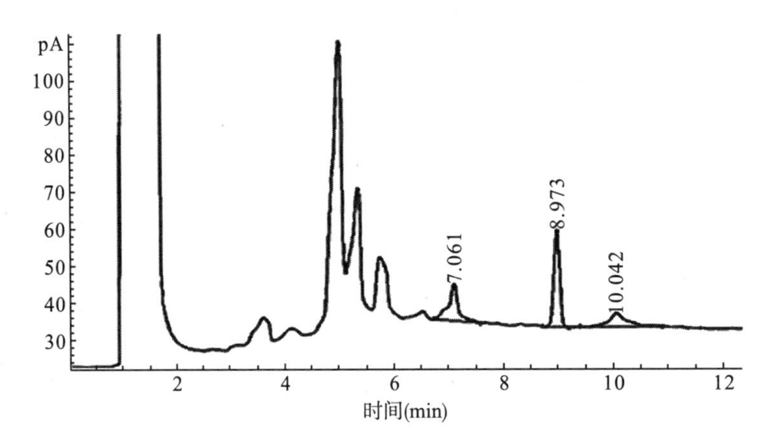

图 7-1 26.44ng/μL 精甲霜灵的气相色谱图

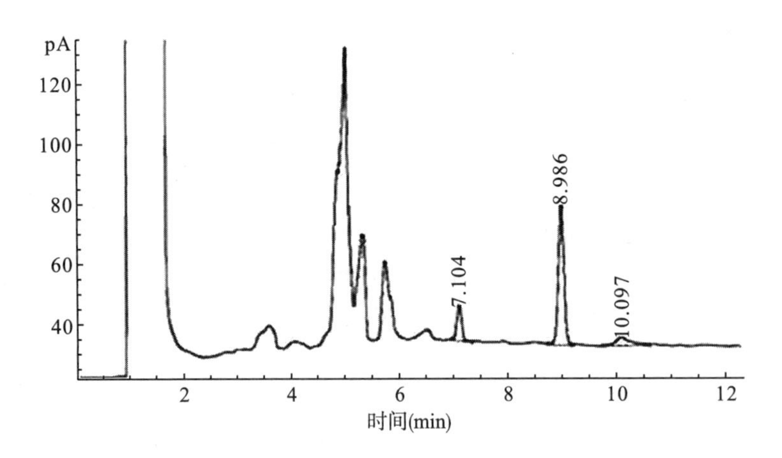

图 7-2 52.06ng/μL 精甲霜灵的气相色谱图

① 1psi=6.89476×10^3Pa。

采用以上条件用 GC-FID 检测系统对精甲霜灵进行检测，获取相应浓度下精甲霜灵气相色谱图(图 7-1，图 7-2)。以检测精甲霜灵浓度为 x 轴，反应值为 y 轴，可得回归标准曲线方程 $y=2.8776x-8.6326$，相关系数 $r=0.9974$($n=8$，$P<0.01$)，呈极显著相关关系，y 为峰面积，x 为精甲霜灵的浓度，质量浓度与响应值间有显著的线性关系(图 7-3)。在添加回收率的试验中，如表 7-1 所示，精甲霜灵在红壤和菜园土中的回收率为 78.65%～93.16%，相对标准偏差(relative standard deviation，RSD)为 3.07%～4.06%，符合农药残留试验要求。在 3 倍的噪声水平下，精甲霜灵的最低检测浓度为 0.2ng/μL。因此，该方法适合检测土壤中精甲霜灵的残留量。

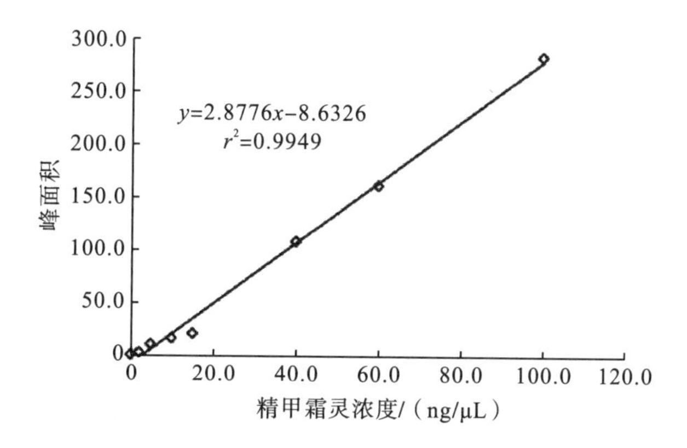

图 7-3　精甲霜灵标准曲线图

表 7-1　精甲霜灵在土壤中添加的回收率和标准偏差

土壤类型	添加水平 (ng/μL)	回收率 (%)					平均值 (%)	RSD (%)
		1	2	3	4	5		
红壤	2.00	78.65	84.65	87.80	82.15	84.45	83.54	4.06
	5.00	93.16	94.86	88.16	86.30	91.44	90.78	3.88
菜园土	2.00	87.89	86.45	81.73	87.23	90.12	86.68	3.56
	5.00	88.56	88.32	92.79	90.90	85.58	89.23	3.07

7.2　氮肥对土壤中精甲霜灵残留的影响

7.2.1　精甲霜灵在红壤中的残留

对于精甲霜灵在红壤中的残留，采用盆栽和室内恒温培养箱培养试验，其中盆栽采用种菜和不种菜两种模式，分析不同氮水平对精甲霜灵在红壤中的降解(图 7-4，图 7-5)。

盆栽试验种菜培养条件下(图 7-4)，从降解率来看，3d、7d、11d 的降解率表现为 $N_0>N_{1/2}>N>N_{3/2}$，17d 的降解率表现为 $N>N_{1/2}>N_0>N_{3/2}$，因此，11d 以前，N_0 和 $N_{1/2}$ 处理的降解速率快，而 11d 以后，N 处理的降解速率加快，使得 N 处理的降解速率高于 N_0

和 $N_{1/2}$。N_0、$N_{1/2}$、N、$N_{3/2}$ 在 7～11d 的降解率分别为 57.8%、56.8%、39.0%、45.8%，11～17d 的降解率分别为 7.8%、41.5%、64.2%、53.9%。精甲霜灵 17d 的残留量表现为 N＜$N_{1/2}$＜$N_{3/2}$＜N_0，N_0 与 $N_{1/2}$、N 间差异显著（P＜0.05）。

从表 7-2 中可知，盆栽试验种菜精甲霜灵的降解符合一级反应动力学方程，消解方程表现为极显著（P＜0.01）。N_0、$N_{1/2}$、N、$N_{3/2}$ 水平下精甲霜灵的原始沉积量分别为 1.0036mg/kg、1.0360mg/kg、1.2652mg/kg 和 1.1114mg/kg，表现为 N＞$N_{3/2}$＞$N_{1/2}$＞N_0。N_0、$N_{1/2}$、N、$N_{3/2}$ 半衰期（$T_{1/2}$）分别为 6.06d、5.71d、5.59d 和 6.32d，表现为 $N_{3/2}$＞N_0＞$N_{1/2}$＞N，半衰期 N 处理和 $N_{3/2}$ 处理间差异显著。因此，盆栽种菜条件下，土壤中氮含量过低或过高会抑制精甲霜灵在红壤中的降解，在适宜的氮水平下，精甲霜灵在土壤中的降解最快。不同氮水平处理下，分析最后的残留量、降解率及半衰期，利用红壤盆栽种菜条件下，N（150mg/kg）处理对精甲霜灵的降解最快。

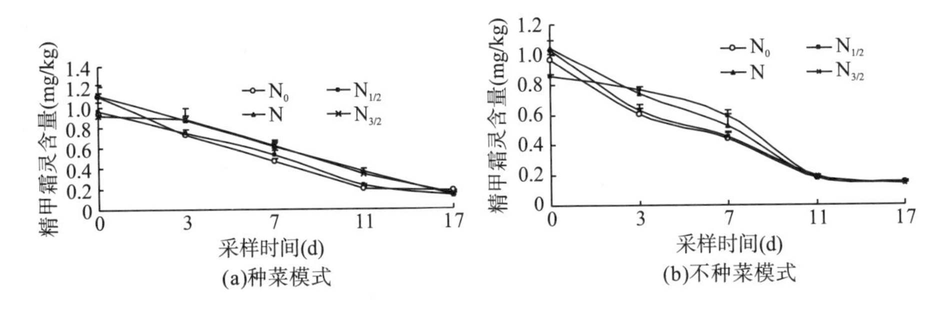

图 7-4　盆栽试验种菜和不种菜精甲霜灵在红壤中的残留量变化

注：N_0 为不施氮，$N_{1/2}$ 为低氮处理，N 为中氮处理，$N_{3/2}$ 为高氮处理。

盆栽试验不种菜培养条件下［图 7-4（b）］，从降解率来看，3d、7d 的降解率表现为 $N_{3/2}$＞N_0＞N＞$N_{1/2}$，3d 和 7d 精甲霜灵在土壤中的残留量表现为 N_0＜$N_{3/2}$＜N＜$N_{1/2}$，3d 时，精甲霜灵在土壤中残留量 $N_{1/2}$ 与 N、$N_{3/2}$ 与 N_0 间差异不显著，$N_{1/2}$、N 与 $N_{3/2}$、N_0 间差异显著；而 7d 时，精甲霜灵在土壤中残留量 $N_{1/2}$ 与 N 间差异不显著，$N_{1/2}$ 与 $N_{3/2}$、N_0 间差异显著；11d 和 17d 时，精甲霜灵在土壤中的残留量差异不显著。从降解率来看，3～7d 的降解率为 22.7%～28.3%，7～11d 的降解率为 57.7%～67.9%，11～17d 的降解率为 15.4%～25.7%，降解速率的变化表现为"低—高—低"的趋势。

从表 7-2 中可知，盆栽试验不种菜精甲霜灵的降解符合一级反应动力学方程，N_0、N、$N_{3/2}$ 消解方程表现为极显著（P＜0.01），$N_{1/2}$ 消解方程表现为显著（P＜0.05）。N_0、$N_{1/2}$、N、$N_{3/2}$ 水平下精甲霜灵的原始沉积量分别为 0.8888mg/kg、0.9805mg/kg、1.0354mg/kg 和 0.9514mg/kg，表现为 N＞$N_{1/2}$＞$N_{3/2}$＞N_0。N_0、$N_{1/2}$、N、$N_{3/2}$ 半衰期（$T_{1/2}$）分别为 6.01d、5.97d、5.66d 和 5.76d，表现为 N_0＞$N_{1/2}$＞$N_{3/2}$＞N。因此，利用红壤盆栽试验不种菜条件下，从原始沉积量和半衰期分析，N（150mg/kg）处理对加快精甲霜灵降解具有一定的优势。

对于室内恒温培养箱培养试验，在 25℃恒温培养箱中进行培养。从精甲霜灵在红壤中的残留量及降解率来看（图 7-5），25d 时，残留量表现为 N＜N_0＜$N_{3/2}$＜$N_{1/2}$，N、N_0、$N_{3/2}$ 间差异不显著，$N_{1/2}$ 与 N、N_0、$N_{3/2}$ 间差异显著；降解率为 9.8%～16.9%，表现为 N

$>N_{3/2}>N_0>N_{1/2}$。35d 时，残留量表现为 $N<N_{3/2}<N_{1/2}<N_0$，N_0 与 N、$N_{3/2}$ 间差异显著；降解率为 32.3%～57.5%，表现为 $N>N_{3/2}>N_{1/2}>N_0$。50d 时，残留量表现为 $N<N_0<N_{3/2}<N_{1/2}$，N 与 N_0 间差异不显著，$N_{3/2}$、$N_{1/2}$、N 间差异显著，$N_{3/2}$、$N_{1/2}$、N_0 差异显著；降解率为 64.6%～75.1%，表现为 $N>N_0>N_{1/2}>N_{3/2}$。70d 时，残留量表现为 $N<N_{3/2}<N_0<N_{1/2}$，$N_{3/2}$、N_0 间差异不显著，$N_{1/2}$、N、$N_{3/2}$ 间差异显著，$N_{1/2}$、N_0、$N_{3/2}$ 间差异显著；降解率为 81.1%～90.5%，表现为 $N>N_{3/2}>N_0>N_{1/2}$。从精甲霜灵在红壤中的残留量来看，25d、35d、50d、70d 时，N 处理红壤中精甲霜灵的残留量最低；从降解率来，N 处理红壤中的降解率最大。从阶段降解率来看，5～14d、14～25d 时降解率小，降解速度慢，25～35d、35～50d 时，降解率大于 5～14d、14～25d，降解速度有所提高，50～70d 时，降解率增大，降解速度快。因此，室内培养条件下，降解速度表现为逐步增加的趋势。14～50d 的降解速率为 41.2%～61.7%，表现为 $N>N_{3/2}>N_0>N_{1/2}$；50～70d 的降解率为 63.9%～73.6%，表现为 $N>N_0>N_{3/2}>N_{1/2}$。培养试验中，从降解速率和残留量来看，N 处理条件下的降解较快，因此施氮 150mg/kg 有利于精甲霜灵的降解。

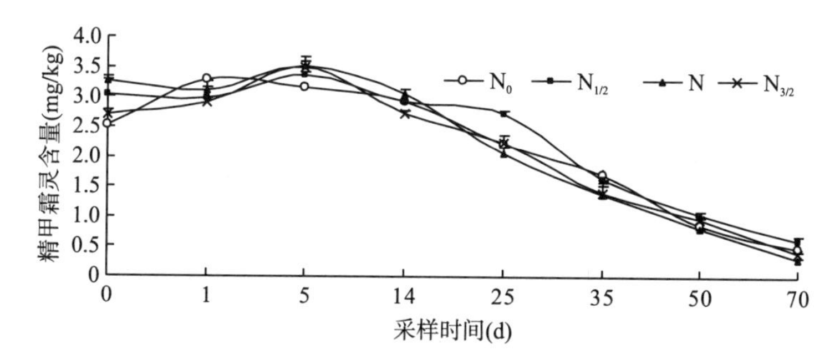

图 7-5　室内培养条件下精甲霜灵在红壤中的残留量变化

表 7-2　不同试验条件下精甲霜灵在红壤中的消解方程和半衰期

试验条件	处理	消解方程	*r* 值	半衰期($T_{1/2}$)
盆栽试验种菜	N_0	$C_T=1.0036e^{-0.1144T}$	0.9590**	6.06
	$N_{1/2}$	$C_T=1.0360e^{-0.1214T}$	0.9871**	5.71
	N	$C_T=1.2652e^{-0.1241T}$	0.9866**	5.59
	$N_{3/2}$	$C_T=1.1114e^{-0.1097T}$	0.9791**	6.32
盆栽试验不种菜	N_0	$C_T=0.8888e^{-0.1154T}$	0.9711**	6.01
	$N_{1/2}$	$C_T=0.9805e^{-0.1162T}$	0.9495*	5.97
	N	$C_T=1.0354e^{-0.1224T}$	0.9615**	5.66
	$N_{3/2}$	$C_T=0.9514e^{-0.1203T}$	0.9780**	5.76
室内培养试验	N_0	$C_T=3.5227e^{-0.0265T}$	0.9610**	26.16
	$N_{1/2}$	$C_T=3.5943e^{-0.0235T}$	0.9642**	29.50
	N	$C_T=3.9670e^{-0.0333T}$	0.9778**	20.82
	$N_{3/2}$	$C_T=3.5255e^{-0.0277T}$	0.9669**	25.02

注：*和**分别表示相关程度达到 0.05 和 0.01 水平，后同。

从表 7-2 中可知，室内恒温培养箱培养试验中精甲霜灵的降解符合一级反应动力学方程，消解方程表现为极显著($P<0.01$)。N_0、$N_{1/2}$、N、$N_{3/2}$ 水平下精甲霜灵的原始沉积量分别为 3.5227mg/kg、3.5943mg/kg、3.9670mg/kg 和 3.5255mg/kg，表现为 $N>N_{1/2}>N_{3/2}>N_0$。N_0、$N_{1/2}$、N、$N_{3/2}$ 半衰期($T_{1/2}$)分别为 26.16d、29.50d、20.82d 和 25.02d，表现为 $N_{1/2}>N_0>N_{3/2}>N$，N_0 与 $N_{3/2}$ 间差异显著($P<0.05$)，N_0、$N_{1/2}$、N 间差异极显著($P<0.01$)，$N_{1/2}$、N、$N_{3/2}$ 间差异极显著($P<0.05$)。因此，N 处理(150mg/kg)极显著地缩短了精甲霜灵在红壤中的半衰期。

7.2.2 精甲霜灵在菜园土中的残留

对于精甲霜灵在菜园土中的残留，采用盆栽和室内恒温培养箱培养试验，其中盆栽采用种菜和不种菜两种模式，分析不同氮水平对精甲霜灵在菜园土中的降解(图 7-6，图 7-7)。

盆栽试验种菜培养条件下[图 7-6(a)]，3d 时，精甲霜灵在菜园土中的降解率为 9.7%～51.1%，表现为 $N_{3/2}>N>N_0>N_{1/2}$，精甲霜灵在菜园土中的残留量表现为 $N_{1/2}<N_0<N<N_{3/2}$，$N_{1/2}$ 与 $N_{3/2}$ 间差异显著。7d 时，降解率 48.9%～67.6%，表现为 $N>N_{3/2}>N_{1/2}>N_0$，残留量表现为 $N_0<N_{1/2}<N_{3/2}<N$，N 与 N_0 间差异显著。11d 时，降解率 65.8%～76.2%，表现为 $N_0>N>N_{3/2}>N_{1/2}$，残留量表现为 $N_0<N<N_{1/2}<N_{3/2}$，N 与 N_0 差异不显著，N_0 与 $N_{3/2}$、$N_{1/2}$ 间差异显著。17d 时，降解率 73.3%～83.7%，表现为 $N>N_0>N_{3/2}>N_{1/2}$，残留量表现为 $N<N_0<N_{1/2}<N_{3/2}$，N 与 $N_{3/2}$、$N_{1/2}$ 间差异显著。同时，在 11～17d 时，精甲霜灵的降解率为 15.3%～36.7%，表现为 $N>N_{3/2}>N_{1/2}>N_0$，N 处理条件下精甲霜灵降解较快，$N_{3/2}$ 和 $N_{1/2}$ 降解次之，而 N_0 降解最慢，可能由于氮较多或较少，使得降解减缓。

从表 7-3 可知，盆栽试验种菜精甲霜灵的降解符合一级反应动力学方程，N_0 和 N 消解方程表现为极显著($P<0.01$)，$N_{3/2}$ 和 $N_{1/2}$ 消解方程表现为显著($P<0.05$)。N_0、$N_{1/2}$、N、$N_{3/2}$ 水平下精甲霜灵的原始沉积量分别为 0.6404mg/kg、0.6061mg/kg、0.6502mg/kg 和 0.5771mg/kg，表现为 $N>N_0>N_{1/2}>N_{3/2}$。N_0、$N_{1/2}$、N、$N_{3/2}$ 半衰期($T_{1/2}$)分别为 6.87d、8.24d、6.70d 和 8.93d，表现为 $N_{3/2}>N_{1/2}>N_0>N$，半衰期 N 处理与 $N_{3/2}$、$N_{1/2}$ 处理间差异显著，N_0 与 $N_{3/2}$、$N_{1/2}$ 处理间差异显著，N 与 N_0 间差异不显著。因此，盆栽种菜条件下，N 处理(75.0mg/kg)较有利于精甲霜灵在菜园土中的降解。

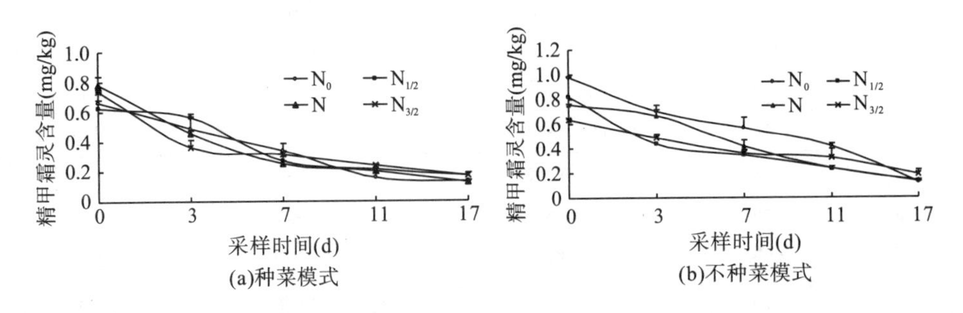

图 7-6 盆栽试验种菜和不种菜精甲霜灵在菜园土中的残留量变化

盆栽试验不种菜培养条件下[图 7-6(b)]，从降解率来看，3d、7d、11d 和 17d，$N_{1/2}$ 表现出优势。从残留量来看，3d 时，精甲霜灵在菜园土中的残留量表现为 $N_{1/2}$<$N_{3/2}$<N<N_0，N_0、N 与 $N_{1/2}$、$N_{3/2}$ 间差异显著，N_0 与 N 间、$N_{1/2}$ 与 $N_{3/2}$ 间差异不显著。7d 时，精甲霜灵在菜园土中的残留量表现为 $N_{1/2}$<$N_{3/2}$<N<N_0，N_0 与 N、$N_{3/2}$、$N_{1/2}$ 间差异显著。11d 时，精甲霜灵在菜园土中的残留量表现为 N<$N_{1/2}$<$N_{3/2}$<N_0，N_0 与 $N_{3/2}$、$N_{1/2}$、N 间差异显著。17d 时，精甲霜灵在菜园土中的残留量表现为 N_0<$N_{1/2}$<N<$N_{3/2}$，$N_{3/2}$ 与 N、$N_{1/2}$、N_0 间差异显著，N、$N_{1/2}$、N_0 间差异不显著。因此，盆栽试验不种菜培养条件下，不同处理对精甲霜灵在菜园土中的降解变化有波动，从 17d 来看，N、$N_{1/2}$、N_0 对精甲霜灵在菜园土中的降解不显著，而 $N_{3/2}$ 对精甲霜灵在菜园土中的降解显著。

从表 7-3 中可知，盆栽试验不种菜精甲霜灵的降解符合一级反应动力学方程，N_0、$N_{1/2}$、N、$N_{3/2}$ 消解方程表现为极显著(P<0.01)。N_0、$N_{1/2}$、N、$N_{3/2}$ 水平下精甲霜灵的原始沉积量分别为 1.0923mg/kg、0.7124mg/kg、0.8239mg/kg 和 0.6207mg/kg，表现为 N_0>N>$N_{1/2}$>$N_{3/2}$。N_0、$N_{1/2}$、N、$N_{3/2}$ 半衰期($T_{1/2}$)分别为 6.34d、6.73d、6.13d 和 10.06d，表现为 $N_{3/2}$>$N_{1/2}$>N_0>N。因此，$N_{3/2}$ 处理(112.5mg/kg)抑制了精甲霜灵在菜园土中的降解。

对于室内恒温培养箱培养试验，在 25℃恒温培养箱中进行培养。从精甲霜灵在菜园土中的残留量及降解率来看(图 7-7)，1d 时，精甲霜灵在菜园土中降解率为 4.9%～18.3%，表现为 N>$N_{1/2}$>N_0>$N_{3/2}$，N 处理的降解率最大，土壤中的残留量差异不显著。12d 时，降解率为 45.5%～55.2%，表现为 $N_{1/2}$>N_0>$N_{3/2}$>N，土壤中的残留量表现为 N_0<$N_{1/2}$<$N_{3/2}$<N。19d 时，降解率为 66.1%～76.7%，表现为 N>N_0>$N_{1/2}$>$N_{3/2}$，土壤中残留量表现为 N<N_0<$N_{3/2}$<$N_{1/2}$，N 处理的土壤中残留量与 $N_{1/2}$、$N_{3/2}$、N_0 间差异显著，$N_{1/2}$ 与 N_0 间差异显著。同时，12～19d 时，精甲霜灵在土壤中的降解率表现为 N>$N_{1/2}$>$N_{3/2}$>N_0。因此，从最后的降解率及残留量来看，在培养的 19d 中，N 处理(75mg/kg)与其他处理相比，N 处理促进了菜园土中精甲霜灵的降解。

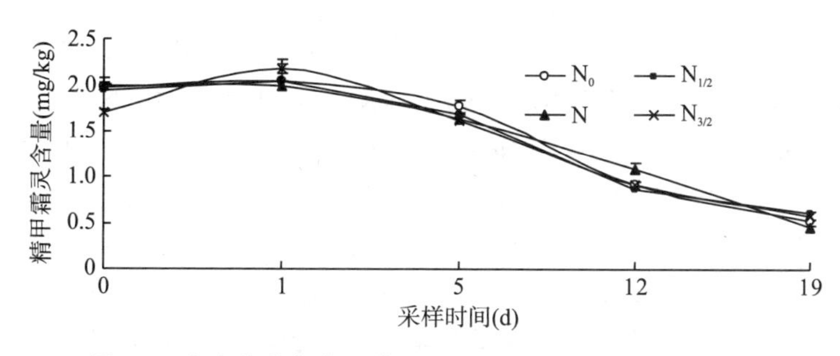

图 7-7　室内培养条件下精甲霜灵在菜园土中的残留量变化

从表 7-3 可知，室内恒温培养箱培养试验中精甲霜灵的降解符合一级反应动力学方程，消解方程表现为极显著(P<0.01)。N_0、$N_{1/2}$、N、$N_{3/2}$ 水平下精甲霜灵的原始沉积量分别为 2.1972mg/kg、2.1119mg/kg、2.2005mg/kg 和 2.0470mg/kg，表现为 N>N_0>$N_{1/2}$>$N_{3/2}$。N_0、$N_{1/2}$、N、$N_{3/2}$ 半衰期($T_{1/2}$)分别为 9.60d、10.39d、9.29d 和 10.61d，表现为 $N_{3/2}$>$N_{1/2}$>N_0>N，N_0 与 $N_{3/2}$ 间差异显著，N 与 $N_{1/2}$、$N_{3/2}$ 间差异显著，N_0 与 N 间差异不显著。因此，室内恒温

培养箱培养试验条件下，不同处理对精甲霜灵在菜园土中的降解，N 与 $N_{1/2}$、$N_{3/2}$ 相比，N 可以显著地缩短精甲霜灵在菜园土中的半衰期，从而促进精甲霜灵在菜园土中的降解。

表 7-3 不同试验条件下精甲霜灵在菜园土中的消解方程和半衰期

试验条件	处理	消解方程	r 值	半衰期($T_{1/2}$)
盆栽试种菜	N_0	$C_T=0.6404e^{-0.1009T}$	0.9704^{**}	6.87
	$N_{1/2}$	$C_T=0.6061e^{-0.0841T}$	0.9560^{*}	8.24
	N	$C_T=0.6502e^{-0.1035T}$	0.9747^{**}	6.70
	$N_{3/2}$	$C_T=0.5771e^{-0.0776T}$	0.9444^{*}	8.93
盆栽试验不种菜	N_0	$C_T=1.0923e^{-0.1092T}$	0.9698^{**}	6.34
	$N_{1/2}$	$C_T=0.7124e^{-0.1030T}$	0.9863^{**}	6.73
	N	$C_T=0.8239e^{-0.1131T}$	0.9935^{**}	6.13
	$N_{3/2}$	$C_T=0.6207e^{-0.0689T}$	0.9883^{**}	10.06
室内培养试验	N_0	$C_T=2.1972e^{-0.0722T}$	0.9872^{**}	9.60
	$N_{1/2}$	$C_T=2.1119^{-0.0667T}$	0.9884^{**}	10.39
	N	$C_T=2.2005e^{-0.0746T}$	0.9762^{**}	9.29
	$N_{3/2}$	$C_T=2.0470e^{-0.0653T}$	0.9741^{**}	10.61

7.3 氮肥和精甲霜灵对土壤微生物的影响

7.3.1 细菌

利用红壤进行盆栽培养试验，盆栽时分为种菜和不种菜。

如图 7-8 所示，红壤盆栽种菜条件下施入精甲霜灵后，不同氮水平条件土壤中的细菌各不相同，表现为 $N_{1/2}>N_0>N>N_{3/2}$，$N_{1/2}$、N_0、N 间差异显著，$N_{1/2}$、N_0、$N_{3/2}$ 间差异显著。3d 时，土壤中细菌数量表现为 $N_0>N_{1/2}>N>N_{3/2}$，$N_{3/2}$ 与 $N_{1/2}$、N_0、N 间差异显著，$N_{1/2}$、N_0、N 间差异不显著。7d 时，表现为 $N_{1/2}>N>N_0>N_{3/2}$，$N_{1/2}$ 与 N、N_0、$N_{3/2}$ 间差异显著，N 与 $N_{3/2}$ 间差异显著。11d 时，N 处理条件下，细菌数量呈现增加趋势，$N_{1/2}$、N_0、$N_{3/2}$ 细菌数量仍在减少，表现为 $N>N_{1/2}>N_0>N_{3/2}$，N 与 $N_{1/2}$、N_0、$N_{3/2}$ 间差异显著。17d 时，四个氮处理水平条件下，细菌数量均增加，表现为 $N>N_{3/2}>N_{1/2}>N_0$，N、$N_{3/2}$ 与 N_0 间差异显著。因此，N 处理条件下，细菌数量提前出现增加趋势，11d 时增加后的数量显著高于其他处理。红壤中施用精甲霜灵，细菌数量表现为先减后增的趋势，呈一元二次方程变化趋势。红壤盆栽种菜不同氮水平(N_0、$N_{1/2}$、N、$N_{3/2}$)处理条件下，一元二次方程分别为：$y=0.5178x^2-12.291x+80.956$，$r=0.9942^{**}$($n=5$，$P<0.01$)；$y=0.463x^2-11.322x+86.164$，$r=0.9683^{**}$($n=5$，$P<0.01$)；$y=0.4278x^2-9.5073x+69.797$，$r=0.9624^{**}$($n=5$，$P<0.01$)；$y=0.5206x^2-10.981x+66.035$，$r=0.9794^{**}$($n=5$，$P<0.01$)，均表现为极显著。

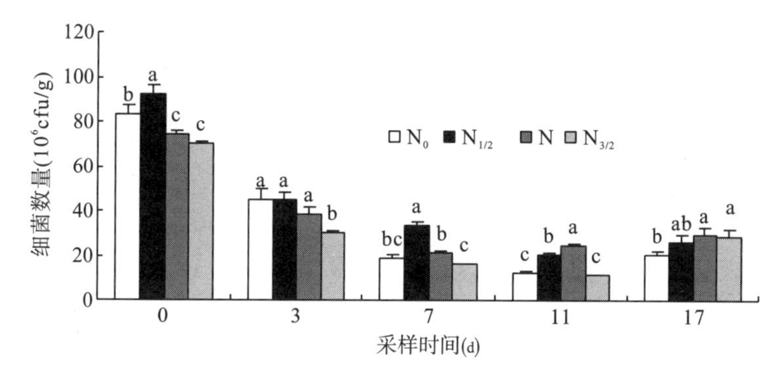

图 7-8　盆栽种菜条件下细菌数量在红壤中的变化

注：柱上不同小写字母表示不同处理间差异显著(LSD，$P<0.05$)，后同。

如图 7-9 所示，红壤盆栽不种菜条件下施入精甲霜灵，细菌数量表现为，$N_{1/2}>N_0>N>N_{3/2}$，N_0、$N_{1/2}$、N、$N_{3/2}$ 处理间差异显著。3d 时，表现为 $N_0>N_{1/2}>N>N_{3/2}$，$N_{3/2}$ 与 N_0、$N_{1/2}$ 间差异显著。7d 时，表现为 N 处理显著高于 N_0、$N_{1/2}$、$N_{3/2}$ 处理。11d 时，$N_{3/2}$ 处理出现增加的趋势，$N_{3/2}$ 显著高于 N_0、$N_{1/2}$、N 处理。17d 时，所有处理细菌数量均增加，表现为 $N_{3/2}>N>N_{1/2}>N_0$，$N_{3/2}$ 与 $N_{1/2}$、N_0 间差异显著。红壤盆栽不种菜条件下细菌数量表现为先减后增的趋势，不同氮水平(N_0、$N_{1/2}$、N、$N_{3/2}$)处理条件下，一元二次方程分别为：$y=0.4782x^2-11.612x+81.784$，$r=0.9925^{**}$($n=5$，$P<0.01$)；$y=0.5402x^2-12.944x+86.072$，$r=0.9862^{**}$($n=5$，$P<0.01$)；$y=0.407x^2-9.8875x+73.067$，$r=0.9764^{**}$($n=5$，$P<0.01$)；$y=0.3754x^2-8.4639x+64.836$，$r=0.9458^{*}$($n=5$，$P<0.05$)，$N_0$、$N_{1/2}$、N 处理条件下表现为极显著，$N_{3/2}$ 处理条件下表现为显著。

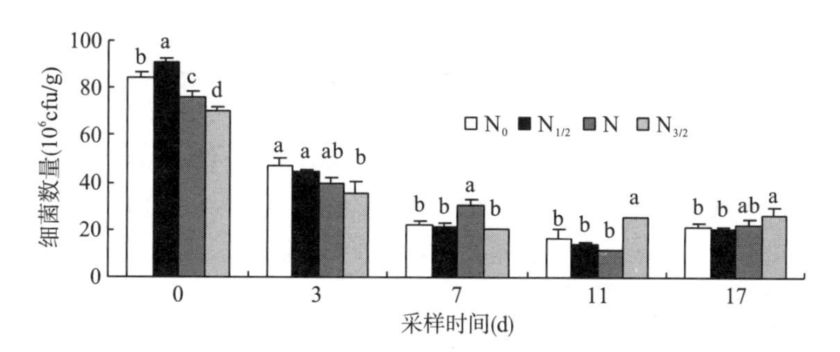

图 7-9　盆栽不种菜条件下细菌数量在红壤中的变化

利用菜园土进行种菜和不种菜的盆栽试验。

如图 7-10 所示，种菜条件下，施入精甲霜灵后，不同氮水平条件下菜园土中的细菌数量各异，表现为 $N_0>N_{1/2}>N>N_{3/2}$，N_0、$N_{1/2}$、N 间差异显著，N_0、N、$N_{3/2}$ 间差异显著。3d 时，N 处理减少缓慢，土壤中细菌数量表现为 $N_0>N>N_{1/2}>N_{3/2}$，N_0、$N_{1/2}$、$N_{3/2}$ 间差异显著，N、$N_{1/2}$、$N_{3/2}$ 间差异显著。7d 时，表现为 $N>N_0>N_{1/2}>N_{3/2}$，$N_{3/2}$ 与 N_0、$N_{1/2}$、N 间差异显著。11d 时，表现为 $N>N_{1/2}>N_0>N_{3/2}$，N 与 N_0、$N_{3/2}$ 间差异显著。17d 时，细菌数量均增加，表现为 $N>N_{3/2}>N_{1/2}>N_0$，N 与 N_0 间差异显著。17d 的变化率表

现为 $N_0>N_{1/2}>N_{3/2}>N$，因此，菜园土施入精甲霜灵后，17d 的 N 处理对细菌数量的稳定性优于其他处理。菜园土种菜条件下细菌数量表现为先减后增的趋势，不同氮水平(N_0、$N_{1/2}$、N、$N_{3/2}$)处理条件下，一元二次方程分别为：$y=0.8073x^2-20.22x+141.99$，$r=0.9812^{**}$($n=5$，$P<0.01$)；$y=0.7196x^2-17.467x+124.98$，$r=0.9529^{*}$($n=5$，$P<0.05$)；$y=0.684x^2-16.15x+121.27$，$r=0.9806^{**}$($n=5$，$P<0.01$)；$y=0.6897x^2-15.41x+97.797$，$r=0.9741^{**}$($n=5$，$P<0.05$)，$N_0$、N、$N_{3/2}$ 处理条件下表现为极显著，$N_{1/2}$ 处理条件下表现为显著。

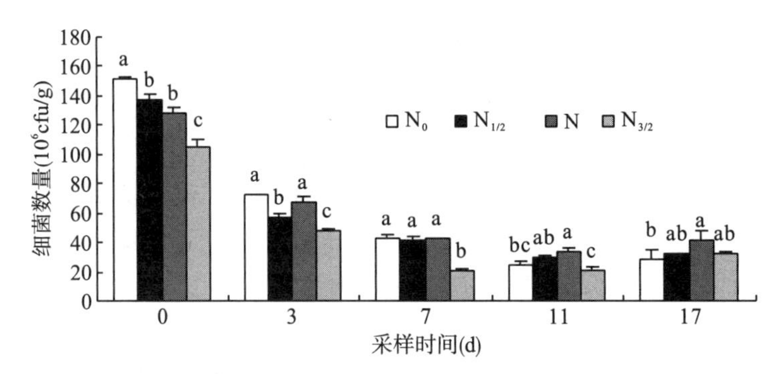

图 7-10　盆栽种菜条件下细菌数量在菜园土中的变化

如图 7-11 所示，菜园土盆栽试验不种菜条件下，施入精甲霜灵后，不同氮水平条件下菜园土中的细菌数量各不相同，表现为 $N_0>N_{1/2}>N>N_{3/2}$，N_0、$N_{1/2}$、N、$N_{3/2}$ 处理间差异显著。3d 时，各处理条件下差异不显著。7d 时，表现为 $N_{1/2}>N_0>N>N_{3/2}$，N_0、$N_{1/2}$、N、$N_{3/2}$ 处理间差异显著。11d 时，$N_{1/2}$ 显著高于 N_0、N、$N_{3/2}$ 处理。17d 时，N_0 的细菌数量所增加，而 $N_{1/2}$、N、$N_{3/2}$ 均表现为减少，土壤中细菌数量表现为 $N_{3/2}>N_0>N_{1/2}>N$，各处理条件下差异不显著。17d 监测，菜园土种菜条件下细菌数量表现为减少的趋势，进行回归分析，不同氮水平(N_0、$N_{1/2}$、N、$N_{3/2}$)处理条件下的一元二次方程分别为：$y=0.7399x^2-19.158x+136.54$，$r=0.9782^{**}$($n=5$，$P<0.01$)；$y=0.2508x^2-9.5054x+112.86$，$r=0.9251^{*}$($n=5$，$P<0.05$)；$y=0.4986x^2-13.427x+108.12$，$r=0.9819^{**}$($n=5$，$P<0.01$)；$y=0.3705x^2-9.7756x+85.136$，$r=0.9829^{**}$($n=5$，$P<0.05$)，$N_0$、N、$N_{3/2}$ 处理条件下表现为极显著，$N_{1/2}$ 处理条件下表现为显著。

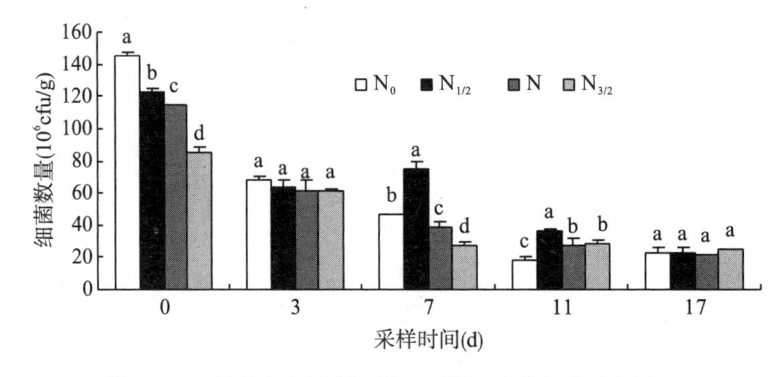

图 7-11　盆栽不种菜条件下细菌数量在菜园土中的变化

7.3.2　放线菌

如图7-12所示，红壤种菜进行盆栽试验条件下，施入精甲霜灵，不同氮水平（N_0、$N_{1/2}$、N、$N_{3/2}$）处理条件下放线菌的数量在2h和3d时，各处理间差异显著，呈现$N_{1/2}$＞N_0＞N＞$N_{3/2}$。7d时，N处理条件下，放线菌数量达最小值，表现为$N_{1/2}$＞N_0＞$N_{3/2}$＞N，各处理间差异显著。11d时，N处理条件下放线菌数量增加，显著增加了68.6%，放线菌的数量表现为N＞$N_{1/2}$＞$N_{3/2}$＞N_0，N、$N_{1/2}$与$N_{3/2}$、N_0间差异显著。17d时，各处理均表现增加，表现为N＞$N_{3/2}$＞$N_{1/2}$＞N_0，N、N_0、$N_{1/2}$间差异显著，N、N_0、$N_{3/2}$间差异显著。17d时，N处理放线菌数量显著高于其他处理，N、$N_{3/2}$已恢复超过2h的放线菌数量，N处理的增幅（56.4%）大于$N_{3/2}$处理（45.7%）。红壤盆栽种菜不同氮水平（N_0、$N_{1/2}$、N、$N_{3/2}$）处理条件下，一元二次方程分别为：$y=0.7273x^2-16.845x+144.44$，$r=0.9821^{**}$（$n=5$，$P<0.01$）；$y=0.9438x^2-21.653x+207.66$，$r=0.9597^{**}$（$n=5$，$P<0.01$）；$y=0.9755x^2-13.362x+102.97$，$r=0.9844^{**}$（$n=5$，$P<0.01$）；$y=0.7064x^2-10.101x+83.597$，$r=0.9624^{**}$（$n=5$，$P<0.01$），均表现为极显著。

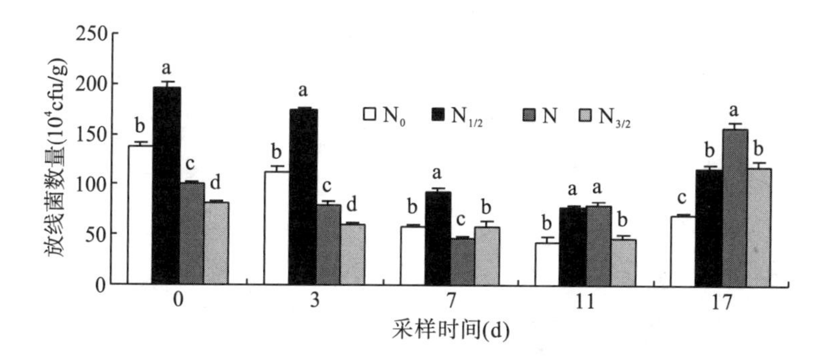

图7-12　盆栽种菜条件下放线菌数量在红壤中的变化

如图7-13所示，红壤不种菜进行盆栽试验条件下，施入精甲霜灵，不同氮水平（N_0、$N_{1/2}$、N、$N_{3/2}$）处理条件下放线菌的数量在2h、3d、7d时，表现为$N_{1/2}$＞N_0＞N＞$N_{3/2}$，2h和7d时，$N_{1/2}$、N、$N_{3/2}$间差异显著，N_0、$N_{3/2}$间差异显著；3d时，N_0、$N_{1/2}$、N与$N_{3/2}$间差异显著。11d时，N_0、$N_{1/2}$、N处理条件下，放线菌数量继续减少，而$N_{3/2}$处理开始增加，表现为$N_{3/2}$＞N_0＞N ＞$N_{1/2}$，N_0、N、$N_{3/2}$与$N_{1/2}$间差异显著。17d时，放线菌数量表现为N＞$N_{3/2}$＞$N_{1/2}$＞N_0，N_0、$N_{1/2}$、N间差异显著，N_0、$N_{3/2}$间差异显著。红壤盆栽不种菜不同氮水平（N_0、$N_{1/2}$、N、$N_{3/2}$）处理条件下，一元二次方程分别为：$y=0.182x^2-7.5848x+143.26$，$r=0.9978^{**}$（$n=5$，$P<0.01$）；$y=0.577x^2-13.658x+155.9$，$r=0.9441^{*}$（$n=5$，$P<0.05$）；$y=0.5941x^2-11.671x+139.97$，$r=0.9401^{*}$（$n=5$，$P<0.01$）；$y=0.2421x^2-2.1498x+74.765$，$r=0.9271^{*}$（$n=5$，$P<0.01$），$N_0$表现为极显著，$N_{1/2}$、N、$N_{3/2}$表现为显著。

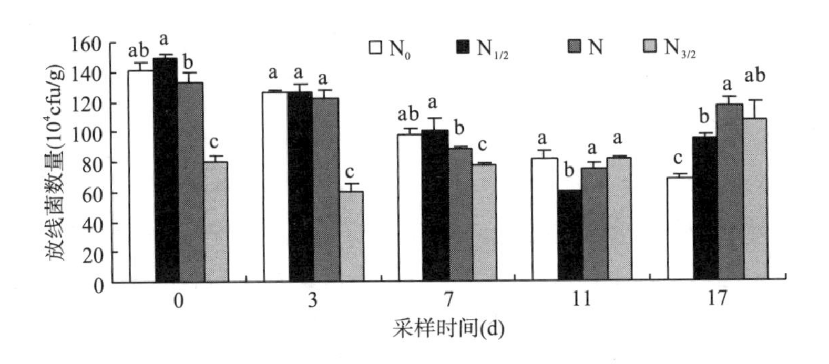

图 7-13 盆栽不种菜条件下放线菌数量在红壤中的变化

如图 7-14 所示，菜园土种菜进行盆栽试验条件下，施入精甲霜灵，不同氮水平(N_0、$N_{1/2}$、N、$N_{3/2}$)处理条件下放线菌的数量在 2h 表现为 $N_{1/2}>N_0>N>N_{3/2}$，各处理间差异显著。3d 时，放线菌数量表现为 $N_{1/2}>N_0>N_{3/2}>N$，N_0、$N_{1/2}$ 与 N、$N_{3/2}$ 间差异显著。11d 时，放线菌数量最低，表现为 $N>N_0>N_{1/2}>N_{3/2}$，N 与 N_0、$N_{1/2}$、$N_{3/2}$ 间差异显著。17d 时，放线菌数量各处理均表现出增加，表现为 $N>N_{3/2}>N_{1/2}>N_0$，N 与 N_0 间差异显著，$N_{3/2}$ 与 N_0 间差异显著。菜园土种菜进行盆栽试验，不同氮水平(N_0、$N_{1/2}$、N、$N_{3/2}$)处理条件下，一元二次方程分别为：$y=0.9351x^2-27.313x+351.22$，$r=0.8843^*$($n=5$，$P<0.05$)；$y=1.6141x^2-41.503x+393.87$，$r=0.9862^{**}$($n=5$，$P<0.01$)；$y=0.9409x^2-23.601x+299.66$，$r=0.9253^*$($n=5$，$P<0.05$)；$y=0.9496x^2-22.438x+271.42$，$r=0.9978^{**}$($n=5$，$P<0.01$)，$N_{1/2}$、$N_{3/2}$ 表现为极显著，N_0、N 表现为显著。

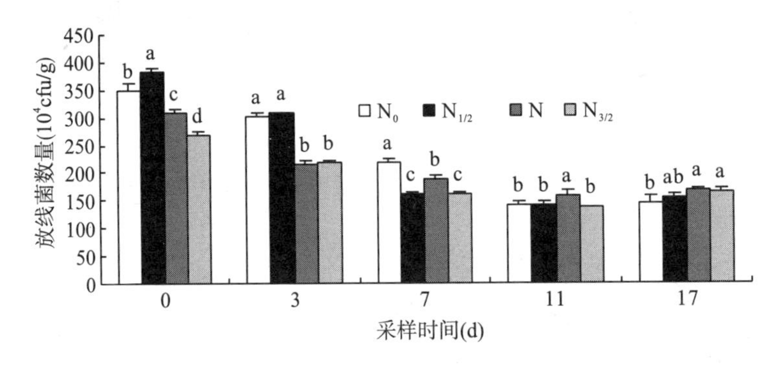

图 7-14 盆栽种菜条件下放线菌数量在菜园土中的变化

如图 7-15 所示，菜园土不种菜进行盆栽试验条件下，施入精甲霜灵，不同氮水平(N_0、$N_{1/2}$、N、$N_{3/2}$)处理条件下放线菌的数量在 2h 表现为 $N_0>N_{1/2}>N>N_{3/2}$，N_0 与 $N_{1/2}$、N、$N_{3/2}$ 间差异显著，$N_{1/2}$ 与 $N_{3/2}$ 间差异显著。3d 时，放线菌数量表现为 $N_0>N>N_{1/2}>N_{3/2}$，N_0、$N_{1/2}$、N 间差异显著，N_0、N、$N_{3/2}$ 间差异显著。7d 时，表现为 $N>N_{3/2}>N_0>N_{1/2}$，N 与 N_0、$N_{1/2}$、$N_{3/2}$ 间差异显著，而 N_0、$N_{1/2}$、$N_{3/2}$ 间差异不显著，N 处理条件下表现出一定的优势。11d 时，放线菌数量增加，表现为 $N>N_0>N_{3/2}>N_{1/2}$，N 与 $N_{1/2}$、$N_{3/2}$ 间差异显著。17d 时，放线菌数量出现下降，表现为 $N>N_{3/2}>N_{1/2}>N_0$，N_0、$N_{1/2}$ 与 N、$N_{3/2}$

间差异显著，而 N、$N_{3/2}$ 间差异不显著。因此，放线菌数量在增加过程中，需要有适量的氮促使其增加。菜园土不种菜进行盆栽试验，不同氮水平(N_0、$N_{1/2}$、N、$N_{3/2}$)处理条件下，一元二次方程分别为：$y=1.2286x^2-34.222x+364.83$，$r=0.9224^*$($n=5$，$P<0.05$)；$y=1.6141x^2-41.503x+393.87$，$r=0.8891^*$($n=5$，$P<0.05$)；$y=0.9409x^2-23.601x+299.66$，$r=0.8893^*$($n=5$，$P<0.05$)；$y=0.9496x^2-22.438x+271.42$，$r=0.8942^*$($n=5$，$P<0.05$)，$N_0$、$N_{1/2}$、N、$N_{3/2}$ 处理均表现为显著。

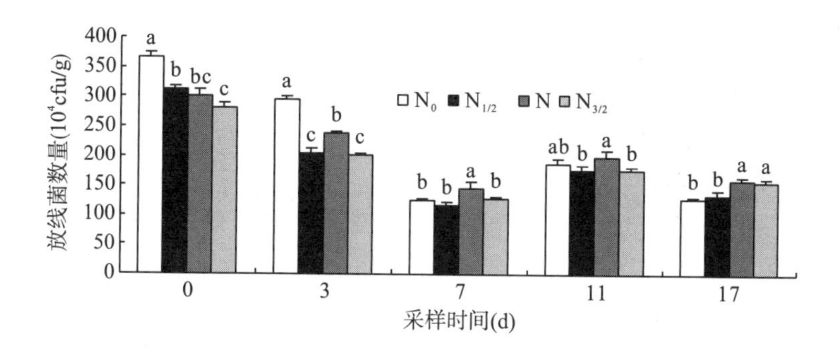

图 7-15　盆栽不种菜条件下放线菌数量在菜园土中的变化

7.3.3　真菌

如图 7-16 所示，采用红壤进行盆栽试验，种菜条件下，施入精甲霜灵，不同氮水平(N_0、$N_{1/2}$、N、$N_{3/2}$)处理条件下真菌的数量表现为 $N_{1/2}>N_0>N>N_{3/2}$，N_0、$N_{1/2}$ 与 N、$N_{3/2}$ 差异显著。3d 时，表现为 $N>N_{1/2}>N_0>N_{3/2}$，N_0、$N_{1/2}$、$N_{3/2}$ 间差异显著，N_0、N、$N_{3/2}$ 间差异显著。7d 时，表现为 $N_{1/2}>N_0>N_{3/2}>N$，N 与 N_0、$N_{1/2}$、$N_{3/2}$ 间差异显著。11d 时，表现为 $N_{3/2}>N_{1/2}>N>N_0$，N_0、$N_{1/2}$、N 间差异显著，N_0、N、$N_{3/2}$ 间差异显著。17d 时，表现为 $N_{3/2}>N_{1/2}>N_0>N$，N 与 $N_{3/2}$、$N_{1/2}$ 间差异显著。17d 均表现为减少的趋势。

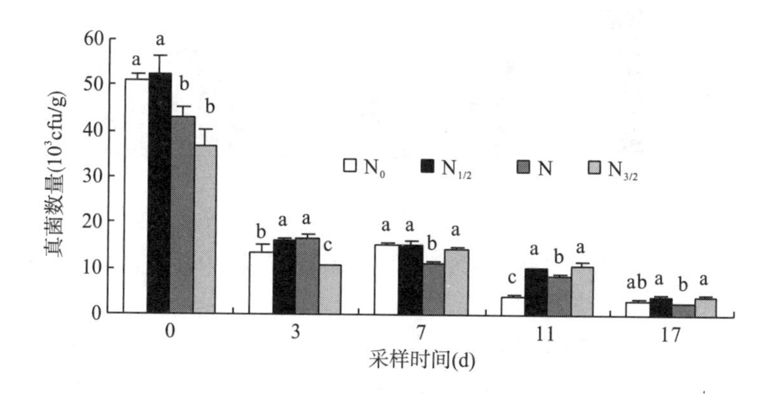

图 7-16　盆栽种菜条件下真菌数量在红壤中的变化

如图 7-17 所示，采用红壤进行盆栽试验，不种菜条件下，施入精甲霜灵，不同氮水平(N_0、$N_{1/2}$、N、$N_{3/2}$)处理条件下真菌的数量表现为 $N_{3/2}>N_{1/2}>N_0>N$，N_0、$N_{1/2}$ 与 N、

$N_{3/2}$差异显著，N 与$N_{3/2}$间差异显著。3d 时，表现为 N＞$N_{3/2}$＞N_0＞$N_{1/2}$，N、$N_{3/2}$与N_0、$N_{1/2}$间差异显著。7d 时，表现为N_0＞$N_{1/2}$＞N＞$N_{3/2}$，N_0与$N_{1/2}$、N、$N_{3/2}$间差异显著，$N_{1/2}$、N 间差异不显著。11d 时，表现为 N＞$N_{3/2}$＞$N_{1/2}$＞N_0，N 与N_0、$N_{1/2}$、$N_{3/2}$间差异显著。17d 时，表现为$N_{1/2}$＞N＞$N_{3/2}$＞N_0，$N_{1/2}$与N_0、N、$N_{3/2}$间差异显著。N_0、$N_{1/2}$在 17d 时真菌数量与 11d 相比有所增加，N、$N_{3/2}$在 17d 中均表现为减少的趋势。

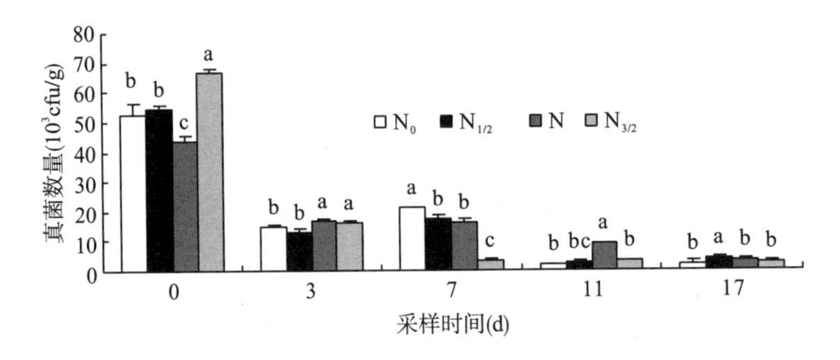

图 7-17　盆栽不种菜条件下真菌数量在红壤中的变化

如图 7-18 所示，采用菜园土进行盆栽试验，种菜条件下，施入精甲霜灵，不同氮水平(N_0、$N_{1/2}$、N、$N_{3/2}$)处理条件下真菌的数量表现为 N＞$N_{1/2}$＞$N_{3/2}$＞N_0，各处理间差异显著。3d 时，表现为 N＞$N_{3/2}$＞$N_{1/2}$＞N_0，各处理间差异显著。7d 时，表现为$N_{1/2}$＞N_0＞N＞$N_{3/2}$，N_0、$N_{1/2}$、$N_{3/2}$间差异显著，$N_{1/2}$、N、$N_{3/2}$间差异显著。11d 时，表现为$N_{3/2}$＞N＞N_0＞$N_{1/2}$，各处理间差异显著。17d 时，表现为$N_{3/2}$＞N＞$N_{1/2}$＞N_0，N、$N_{1/2}$、N_0间差异显著，$N_{3/2}$、$N_{1/2}$、N_0间差异显著。17d 中表现为“减(0～7d)—增(7～11d)—减(11～17d)”的趋势。

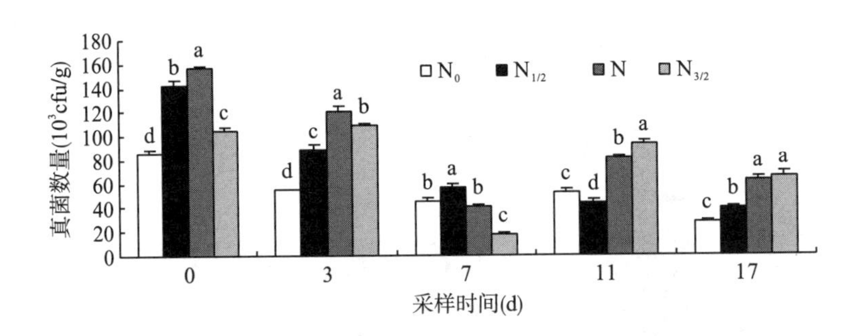

图 7-18　盆栽种菜条件下真菌数量在菜园土中的变化

如图 7-19 所示，采用菜园土进行盆栽试验，不种菜条件下，施入精甲霜灵，不同氮水平(N_0、$N_{1/2}$、N、$N_{3/2}$)处理条件下真菌的数量表现为 N＞$N_{1/2}$＞$N_{3/2}$＞N_0，N 与N_0、$N_{1/2}$、$N_{3/2}$间差异显著，N_0、$N_{1/2}$间差异显著。3d 时，表现为 N＞N_0＞$N_{1/2}$＞$N_{3/2}$，N 与N_0、$N_{1/2}$、$N_{3/2}$间差异显著，N_0与$N_{1/2}$、$N_{3/2}$间差异显著。7d 时，表现为N_0＞$N_{1/2}$＞N＞$N_{3/2}$，N_0、$N_{1/2}$、N 间差异显著，N_0、$N_{1/2}$、$N_{3/2}$间差异显著。11d 时，$N_{3/2}$与 7d 时相比表现为增加，真菌数量各处理间表现为$N_{3/2}$＞N＞$N_{1/2}$＞N_0，$N_{3/2}$与N_0、$N_{1/2}$、N 间差异显著。17d 时，

真菌数量与 11d 时相比表现为增加，真菌数量各处理间表现为 $N_{3/2}$>N>$N_{1/2}$>N_0，各处理间差异显著。

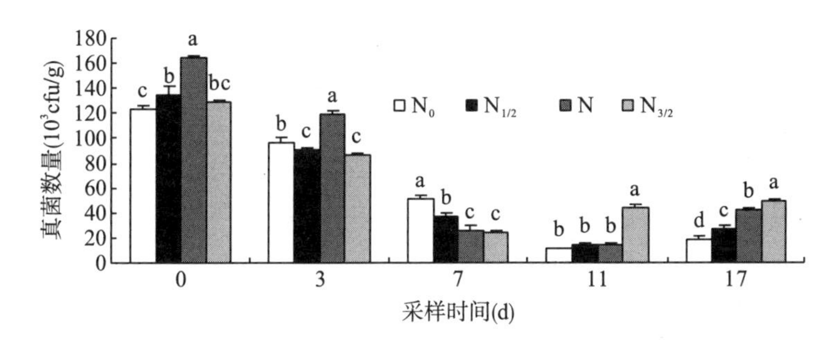

图 7-19　盆栽不种菜条件下真菌数量在菜园土中的变化

7.4　土壤 C/N、微生物与精甲霜灵残留间的相关性

7.4.1　红壤

利用红壤进行盆栽试验，采取种菜和不种菜的方式，分析不同施氮处理条件下土壤中的 C/N，微生物（细菌、放线菌、真菌）与土壤中精甲霜灵残留量间的相关性。采用 SPSS 19.0 的 Pearson 相关性分析，分析结果见表 7-4。红壤盆栽试验种菜条件下，N_0、$N_{1/2}$ 处理的细菌、放线菌、真菌数量均与精甲霜灵残留量表现为极显著相关；N、$N_{3/2}$ 处理的细菌、真菌数量与精甲霜灵残留量表现为极显著相关，而放线菌与精甲霜灵残留量间表现为负相关，相关性不显著；土壤中的 C/N 只有在 N 处理条件下，表现为极显著相关，而在其他处理条件下相关性不显著。

表 7-4　红壤盆栽试验（种菜）土壤 C/N、微生物与精甲霜灵残留间的相关性

项目	精甲霜灵残留量			
	N_0	$N_{1/2}$	N	$N_{3/2}$
细菌	0.947**	0.854**	0.787**	0.583**
放线菌	0.917**	0.829**	−0.423	−0.393
真菌	0.920**	0.846**	0.888**	0.687**
C/N	−0.328	0.430	0.818**	0.015

红壤盆栽试验不种菜条件下的分析结果见表 7-5，N_0、$N_{1/2}$、N 处理的细菌、放线菌、真菌数量均与精甲霜灵残留量间表现为极显著的相关性；$N_{3/2}$ 处理的细菌、真菌数量与精甲霜灵残留量间表现为极显著的相关性，放线菌的数量与精甲霜灵残留量间表现为负相关，相关性不显著。不同施氮处理条件下，土壤中的 C/N 均与精甲霜灵残留量间的相关性不显著。

表 7-5 红壤盆栽试验(不种菜)土壤 C/N、微生物与精甲霜灵残留间的相关性

项目	精甲霜灵残留量			
	N_0	$N_{1/2}$	N	$N_{3/2}$
细菌	0.942**	0.792**	0.933**	0.868**
放线菌	0.957**	0.858**	0.649**	−0.488
真菌	0.936**	0.772**	0.914**	0.912**
C/N	−0.247	0.218	0.265	−0.388

7.4.2 菜园土

利用菜园土进行盆栽试验，采取种菜和不种菜的方式，分析不同施氮处理条件下土壤中的C/N、微生物(细菌、放线菌、真菌)与土壤中精甲霜灵残留量间的相关性。采用 SPSS 19.0 的 Pearson 相关性分析，分析结果见表 7-6。菜园土盆栽试验种菜条件下，N_0、$N_{1/2}$、N 处理的细菌、放线菌、真菌数量均与精甲霜灵残留量间表现为极显著的相关性；$N_{3/2}$ 处理的细菌、放菌数量与精甲霜灵残留量间表现为极显著的相关性，真菌的数量与精甲霜灵残留量间的相关性不显著；不同施氮处理条件下，土壤中的 C/N 均与精甲霜灵残留量间的相关性不显著。

表 7-6 菜园土盆栽试验(种菜)土壤 C/N、微生物与精甲霜灵残留间的相关性

项目	精甲霜灵残留量			
	N_0	$N_{1/2}$	N	$N_{3/2}$
细菌	0.926**	0.809**	0.960**	0.925**
放线菌	0.822**	0.955**	0.973**	0.892**
真菌	0.834**	0.909**	0.898**	0.395
C/N	−0.494	−0.314	0.316	0.179

菜园土盆栽试验不种菜条件下的分析结果见表 7-7，N_0、$N_{1/2}$、N、$N_{3/2}$ 处理的细菌、放线菌、真菌数量均与精甲霜灵残留量间表现为极显著的相关性。不同施氮处理条件下，土壤中的 C/N 均与精甲霜灵残留量间的相关性不显著。

表 7-7 菜园土盆栽试验(不种菜)土壤 C/N、微生物与精甲霜灵残留间的相关性

项目	精甲霜灵残留量			
	N_0	$N_{1/2}$	N	$N_{3/2}$
细菌	0.891**	0.954**	0.886**	0.921**
放线菌	0.848**	0.884**	0.798**	0.814**
真菌	0.904**	0.929**	0.874**	0.812**
C/N	0.341	0.099	−0.329	0.455

7.5　讨论与结论

7.5.1　氮对精甲霜灵残留的影响

国外亦有不少学者探讨了农药的使用对环境生态的影响(Galt，2008)，施肥将影响农药的降解，但是研究结果(抑制或促进)不一致。磷酸盐能够促进硝基苯和五氯苯酚降解(Alber et al.，2000)。施用无机氮肥和磷肥可以促进土壤中莠去津的消解，莠去津在青紫泥田土壤中降解最快，淡涂泥田中次之，黄筋泥田中最慢(张超兰等，2007)。长期单施有机肥或无机有机肥配施显著加速五氯酚在土壤中的消解(王诗生等，2009)。蔡全英等(2006)研究认为，施用化肥提高了污泥中 2,4-二硝基甲苯的生物有效性，降低了 2,6-二硝基甲苯的生物有效性，导致 2,6-二硝基甲苯在土壤中积累。谢文军等(2008)研究得出，氯氰菊酯在 PK、CK 土壤中降解较快，在 NK 土壤中降解最慢，土壤中速效氮含量与氯氰菊酯半衰期呈显著负相关，长期偏施氮肥可提高土壤中速效氮的含量，进而能显著降低氯氰菊酯在土壤中的降解速度。无机氮在土壤中增加到 2.5g/kg 时，抑制了阿特拉津的降解(Abdelhafid et al.，2000)，高氮抑制阿特拉津的降解(Alvey et al.，1995)，Caracciolo 等(2005)发现施用尿素后土壤中特丁津及其代谢产物的降解速度会显著降低。王诗生等(2015)研究发现长期单施氮肥抑制土壤中五氯酚的降解。Hakil 等(1999)研究发现长期施氮或高氮，微生物优先利用简单的氮源，只有当简单氮源不足时，微生物才会转而利用含氮农药等其他氮源，所以施入氮肥后，含氮农药的降解受到抑制。因此，氮对农药降解的影响，一方面与其他肥料配合可以促进农药降解；另一方面表现为长期单施氮肥或施氮量高均会抑制农药的降解。同时，氮对农药降解的影响在不同肥料品种和土壤中的作用也不一样。

本研究发现，菜园土和红壤在盆栽种菜和室内恒温培养条件下，菜园土和红壤中施氮量过高或过低，都会抑制精甲霜灵的降解和残留，四个氮水平处理试验表明红壤在 150mg/kg 氮水平下，精甲霜灵降解最快，菜园土在 75mg/kg 氮水平下降解最快。菜园的肥力高于红壤，促进降解的氮水平也高于红壤。因此，氮含量过高或过低将抑制精甲霜灵的降解，适宜的氮水平可以促进精甲霜灵的降解。这与前人研究氮对农药降解的影响基本吻合。分析精甲霜灵在土壤中的半衰期，红壤中 150mg/kg 氮水平下最短，菜园土中 75mg/kg 氮水平下最短，与残留量相一致。盆栽条件下红壤和菜园土的半衰期分别为 5.59～6.32d 和 6.13～10.06d。前人研究精甲霜灵在种植烟草、西瓜、马铃薯土壤的半衰期分别为 6.39～12.77d、9.0～10.7d、10.5～11.2d(曹爱华等，2007；丁蕊艳等，2008；陈莉等，2010)，研究结果与前人研究相一致。室内培养条件下，由于光作用降低，半衰期较长，红壤和菜园土分别为 20.82～29.05d 和 9.29～10.62d。

室内恒温培养试验中，不同施氮水平下精甲霜灵的残留在 1d 或 5d 时出现增加，其原因分析为黏粒含量较高的土壤对精甲霜灵的吸附作用较强(Fernandes et al.，2003)，特别细小的土粒(孔半径＜100nm)吸收和滞留精甲霜灵，会造成生物利用度降低(Celis et al.，

2013)。室内恒温培养试验中的土壤样品为过1mm筛孔的风干土，土粒细小，黏粒含量高。当精甲霜灵施入土壤中后，很快会被黏粒吸附，精甲霜灵降解一部分或其他条件发生改变以后，吸附的精甲霜灵被释放出来，从而使得精甲霜灵在1d或5d时浓度增加。菜园土和红壤在盆栽不种菜条件下，没有植物生长，氮易淋失，大量淋失使土壤中的氮变化较大。因此，菜园土和红壤在盆栽不种菜条件下，精甲霜灵的残留不具有较好的一致性。

7.5.2 微生物对氮和精甲霜灵的响应

农药影响氮的固定(Potera，2007)，Aggarwal等(1986)研究发现，氨基甲酸酯类农药低浓度时对豌豆、豇豆的结瘤固氮的影响不大，而高浓度时抑制结瘤固氮。杀菌剂除了作用于靶真菌，对靶真菌以外的大多微生物种类也有不利的影响(Agnihotri，1971)。Siegel等(1975)研究发现施用苯菌灵后，真菌数量减少了25%～35%，放线菌数量也减少，细菌数量却不受影响。Agnihotri(1971)却发现克菌丹施用后，真菌数量减少而细菌数量增多。Atlas等(1978)发现灭菌丹在精甲霜灵施用后7～14d能使真菌数量减少，但细菌数量却不受影响。因此，不同的杀菌剂对细菌、放线菌和真菌的影响不一样，其主要与土壤中杀菌剂行为的生化机制和浓度有关(Moorman，1989)。本试验研究发现，精甲霜灵施入不同氮水平的红壤和菜园土中，细菌、放线菌、真菌均减少，说明精甲霜灵会影响细菌、放线菌、真菌的数量。

Nemergut等(2008)和Shade等(2012)研究结果显示，细菌群体是跟土壤中的营养物浓度紧密相关的。土壤中氮含量的高低可能会改变微生物碳源利用等代谢途径(Johnson et al.，1999)，土壤中氮的转化与微生物活度的关系尤为密切(Heal et al.，1975)，Trevors(1984)研究发现土壤氮含量过高能抑制土壤脱氢酶的活性。土壤微生物量对土壤环境条件非常敏感，受施肥种类等影响(Inubushi et al.，2002)，不同的施肥模式能够影响到土壤微生物的量、活性及种群组成(Böhme et al.，2005)。Neff等(2002)发现氮的施用显著影响了土壤碳库，尤其在轻壤土中，长期施用氮肥促进了土壤有机质的分解。大量施用氮肥后，会使土壤中的细菌数量降低，刺激真菌生长(Entry，1999)。氮肥的施用增加了细菌的数量，过量地施用氮肥反而使细菌的数量减少；施用不同量的氮肥对真菌数量的影响很小；施用氮素量少的土壤中放线菌的数量与不施用氮肥的相近，随着氮素量施用的增加，放线菌的数量也有所增加(汪海静，2011)。

本试验在红壤和菜园土四个氮水平条件下，施入精甲霜灵，研究发现细菌和真菌表现为先减少后增加的趋势，呈一元二次方程变化趋势。不同氮水平处理，在N处理(中氮水平)下，细菌和放线菌的数量最多。精甲霜灵对作物的病原性真菌防治有较好的效果，对土壤中的真菌也会具有较强的作用。真菌在红壤和菜园土中的表现不一致，在红壤中一直在减少，而在菜园土中表现为“减—增—减”的趋势，这是因为精甲霜灵是防治真菌的杀菌剂。

Bailey等(1986)发现微生物在没有其他物质为能源的条件下，是不能对精甲霜灵起降解作用的，而添加了蔗糖后微生物就能把精甲霜灵作为能源物质进行代谢。Baker等(2010)发现微生物的降解作用是影响精甲霜灵残留的主要因素。因此，土壤中适量的氮源可以增加微生物的数量，促进精甲霜灵的降解，减少精甲霜灵在土壤中的残留。不同的土壤肥力差异较大，必须依据土壤肥力状况添加适量氮，从而发挥氮对微生物数量的促进作用，进而促进精甲霜灵的降解，否则将抑制精甲霜灵的降解。

7.5.3 研究结论

(1)精甲霜灵在红壤中的降解符合一级反应动力学方程，盆栽试验种菜条件下的半衰期为 5.59～6.32d，不种菜条件下的半衰期为 5.66～6.01d；室内恒温培养试验，精甲霜灵在红壤中的半衰期为 20.82～29.50d。

(2)采用红壤盆栽种菜条件下，17d 时，精甲霜灵的残留量表现为 $N<N_{1/2}<N_{3/2}<N_0$，N_0 与 $N_{1/2}$、N 间差异显著($P<0.05$)；不种菜条件下，17d 时，精甲霜灵在土壤中的残留量差异不显著；室内恒温培养条件下，70d 时，精甲霜灵在土壤中的残留量表现为 $N<N_{3/2}<N_0<N_{1/2}$，25d、35d、50d 和 70d 时，N 处理红壤中精甲霜灵的残留量最低。3 种不同的试验条件下，N 处理的半衰期最短。四种不同氮处理条件下，N 处理(150mg/kg)的施氮水平有利于促进精甲霜灵在红壤中的降解。

(3)精甲霜灵在菜园土中的降解符合一级反应动力学方程，盆栽试验种菜条件下的半衰期为 6.70～8.93d，不种菜条件下的半衰期为 6.13～10.06d；室内培养试验，精甲霜灵在菜园土中的半衰期为 9.29～10.61d。

(4)采用菜园土盆栽种菜条件下，17d 时，残留量表现为 $N<N_0<N_{1/2}<N_{3/2}$，N 与 $N_{3/2}$、$N_{1/2}$ 间差异显著($P<0.05$)；不种菜条件下，17d 时，N、$N_{1/2}$、N_0 对精甲霜灵在菜园土中的降解不显著，而 $N_{3/2}$ 对精甲霜灵在菜园土中的降解显著；19d 时，土壤中残留量表现为 $N<N_0<N_{3/2}<N_{1/2}$，N 处理的土壤中残留量与 $N_{1/2}$、$N_{3/2}$、N_0 间差异显著。3 种不同的试验条件下，N 处理的半衰期最短。四种不同氮处理条件下，N 处理(75mg/kg)的施氮水平有利于促进精甲霜灵在菜园土中的降解。

(5)精甲霜灵施入红壤和菜园土中，细菌数量表现为先减少后增加的趋势，呈一元二次方程变化趋势。红壤盆栽种菜条件下，17d 时，四个氮处理水平条件下，细菌数量均增加，表现为 $N>N_{3/2}>N_{1/2}>N_0$，N、$N_{3/2}$ 与 N_0 间差异显著；菜园土盆栽种菜条件下，17d 时，细菌数量均增加，表现为 $N>N_{3/2}>N_{1/2}>N_0$，N 与 N_0 间差异显著。红壤和菜园土中均表现为 N 处理细菌数量最多。

(6)精甲霜灵施入红壤和菜园土中，放线菌数量呈一元二次方程趋势变化。红壤盆栽种菜条件下，17d 时，放线菌数量表现为 $N>N_{3/2}>N_{1/2}>N_0$，N 处理放线菌数量显著高于其他处理。菜园土盆栽种菜条件下，17d 时，放线菌数量出现下降，表现为 $N>N_{3/2}>N_{1/2}>N_0$，N_0、$N_{1/2}$ 与 N、$N_{3/2}$ 间差异显著，而 N、$N_{3/2}$ 间差异不显著。红壤和菜园土中均表现为 N 处理放线菌数量最多。

(7)精甲霜灵施入红壤盆栽种菜条件下，真菌 17d 均表现为减少的趋势，17d 时，表现为 $N_{3/2}>N_{1/2}>N_0>N$，N 与 $N_{3/2}$、$N_{1/2}$ 间差异显著。精甲霜灵施入菜园土盆栽种菜条件下，真菌 17d 中表现为“减(0～7d)—增(7～11d)—减(11～17d)”的趋势。17d 时，表现为 $N_{3/2}>N>N_{1/2}>N_0$，N、$N_{1/2}$、N_0 间差异显著，$N_{3/2}$、$N_{1/2}$、N_0 间差异显著。

第8章 研究展望

8.1 研究结论

通过田间试验和盆栽试验，系统地分析不同农艺措施和土地利用方式对氮流失的控制和影响，以及土壤氮素变化对精甲霜灵降解的影响，获得的主要结论如下。

(1) 试验区全年降雨量的 80%以上集中在 5～9 月，60%以上集中在 6～8 月，采用稻草编织物覆盖显著控制了坡耕地的水土流失。种植玉米的坡耕地红壤，稻草编织物覆盖比无覆盖减少产流 3～5 次，不同降雨强度下均可减少径流量和侵蚀量，径流量和土壤侵蚀量在 I_{30} 为中强度降雨(0.25～0.5mm/min)时分别显著减少 79.3%和 94.3%，同时稻草编织物覆盖使大于 2mm 和 1～2mm 团聚体增加 41.4%和 22.9%，提高了土壤的抗蚀性。5 年观测结果显示，在种植玉米的坡耕地红壤上，采用稻草编织物覆盖比无覆盖减少径流量 67.58%，土壤侵蚀量减少 93.29%；径流和侵蚀土壤中氮流失以颗粒态氮为主，稻草编织物覆盖后可比无覆盖降低 64.78%和 95.87%。

(2) 间作能有效控制坡耕地水土流失和改善土壤结构。玉米间作大豆种植在坡耕地红壤上，与单作相比，间作作物叶面积指数均高于单作作物，有效减少产流次数 1～3 次；1～2mm 粒级团聚体间作比单作玉米、单作大豆显著增加了 25.3%和 27.4%，大于 2mm 粒级团聚体间作比单作玉米、单作大豆显著增加了 45.6%和 21.1%，间作提高土壤的抗蚀性。2 年试验结果显示，间作与单作相比，径流量显著减少 19.4%～29.4%，土壤侵蚀量显著减少 28.1%～33.8%；间作与单作相比，径流损失氮量显著减少 19.4%～38.6%，土壤侵蚀流失氮量(颗粒态氮)显著减少 28.7%～42.1%，氮的流失以颗粒态为主。

(3) 土地利用方式影响氮素的流失。通过对不同土地利用方式下的 10 个点进行监测，渗漏液中铵态氮浓度表现为裸露闲置地＞露天菜地＞大棚菜地，硝态氮和总氮表现为露天菜地＞大棚＞裸露闲置地，渗漏液氮浓度随土层深度的增加而减少。0～20cm、0～40cm 和 0～100cm 土层渗漏液中氮素形态主要以硝态氮为主，0～20cm 土层占总氮 53.7%～78.1%，0～40cm 土层占总氮的 55.4%～86.6%，0～100cm 土层占总氮的 62.3%～87.3%，随渗漏液氮浓度的增加，硝态氮所占比例逐渐增加。10 监测点中硝态氮的浓度均随时间而变化，受施肥等因素的影响，出现峰值各异。裸露闲置地中，渗漏液硝态氮浓度为 0～20cm 土层雨季小于旱季，0～40cm、0～100cm 土层表现为雨季大于旱季，露天菜地硝态氮浓度在 3 种不同土层层次中均表现为雨季大于旱季。硝态氮对地下水的污染表现为露天菜地＞大棚菜地＞裸露闲置地。

(4) 氮肥施用类型影响氮素流失。采用原位模拟试验装置测定施用化学氮肥和有机肥对集约化菜地氮流失的影响，径流中氮浓度和渗漏液中氮浓度随施肥量的增加而增加，相同施肥条件下，氮的流失以渗漏流失为主，径流流失的氮占渗漏流失氮的 7.8%～80.8%。化肥氮相同施肥处理条件下，径流产生总氮的最大负荷为 13.46kg/hm^2，渗漏产生总氮的最大负荷为 90.3kg/hm^2，渗漏水总氮流失量是径流水的 1.6～7.3 倍。有机肥相同施肥处理条件下，径流产生总氮的负荷是渗漏的 43.2%～66.7%，径流产生总氮的最大负荷为 82.8kg/hm^2，渗漏产生总氮的最大负荷为 152.8kg/hm^2，不同施用有机肥水平条件下，渗漏是径流的 1.50～2.32 倍。

(5) 土壤氮水平影响农药精甲霜灵残留。利用红壤和菜园土进行盆栽和室内培养试验，不同施氮水平条件下，精甲霜灵在红壤和菜园土中的降解符合一级反应动力学方程，盆栽条件下红壤和菜园土的半衰期分别为 5.59～6.32d 和 6.13～10.06d，室内培养条件下红壤和菜园土的半衰期分别为 20.82～29.05d 和 9.29～10.62d。红壤和菜园土不同氮水平条件下(N_0、$N_{1/2}$、N、$N_{3/2}$ 处理)，在盆栽试验种菜和室内培养试验条件下，红壤中 N 处理(150mg/kg)和菜园土中 N 处理(75mg/kg)精甲霜灵残留量最低，半衰期最短。红壤和菜园土四个不同施氮水平处理中，红壤中 N 处理(150mg/kg)和菜园土中 N 处理(75mg/kg)的施氮水平有利于促进精甲霜灵的降解。

(6) 利用红壤和菜园土进行盆栽试验，精甲霜灵施入不同施氮水平的红壤和菜园土中，细菌和放线菌数量表现为先减少后增加的趋势，呈一元二次方程变化趋势。盆栽种菜条件下，17d 时，红壤和菜园土中的细菌数量和放线菌数量均增加，红壤中 N 处理(150mg/kg)和菜园土中 N 处理(75mg/kg)条件下细菌数量和放线菌数量最多。

8.2　研究特色与创新

(1) 选取云南典型的坡耕地红壤，研究种植玉米时稻草编织物覆盖、间作等方式对坡耕地氮径流损失的控制效应，编织物覆盖和间作增加地表覆盖，同时使地下部分土壤的大团聚体数量增加，提高土壤抗蚀性，减少氮的流失。

(2) 选取氮素残留量大的集约化菜地，对 3 种不同土地利用方式下 10 个点位的氮渗漏进行监测，分析不同土地利用方式对氮渗漏的影响，渗漏液氮浓度为露天菜地＞裸露闲置地＞大棚菜地，渗漏液氮浓度随土层深度增加而减小，露天菜地和裸露闲置地随雨季的变化而变化，大棚菜地受雨季的影响较小。

(3) 选取土壤肥力较低的坡耕地红壤和化肥农药残留量大的菜园土，研究不同施氮水平时精甲霜灵在红壤和菜园土中的降解。氮素过低或过高，均抑制精甲霜灵的降解，农药精甲霜灵可通过调控微生物(细菌、放线菌)群落数量而促进其降解。

8.3 展 望

8.3.1 坡耕地地上和地下部分对氮流失的影响

坡耕地水土流失严重，大量养分流失不但降低土壤肥力，而且造成环境污染。增加地表覆盖可有效减缓水土流失和氮养分流失，其主要作用是通过覆盖减少溅蚀的发生和地表径流，降低土壤侵蚀量，从而减少养分的流失。大量研究认为，氮养分的流失主要是以泥沙带走为主，粒径小的带走量更大。因此，地下部分有地上部分无法比拟的作用，为了更好地发挥坡耕地的水土保持作用，地下部分的根系和土壤将影响土壤养分的流失。加强对地下部分根系固土、提高土壤抗蚀性等机理的研究，把地下与地上部分保持水土的效果有机地结合起来，为农业生产坡耕地保持水土提供更好的农艺措施。

8.3.2 集约化菜地氮流失控制途径研究

在经济利益的驱使下，菜地的面积在不断扩大，集约化菜地的面积更是日益激增。高投入、高产出已成为农户的习惯，大量的肥料投入在降雨和灌溉水的作用下，不断地淋洗到沟渠、河流和湖泊中，造成水体富营养化。本研究发现大棚菜地的渗漏浓度低于露天菜地，说明发展大棚菜地对水体的污染并非加重，而是有所降低。但大棚菜地过量的施肥将导致大量的硝酸盐在土壤中积累，土壤盐化速率加快，退化严重。集约化菜地已由单一施用化学氮肥转向大量施用有机肥，而有机肥的大量施用必然导致养分的淋失，同样造成水体的污染。因此，集约化菜地区域，从生态效益和经济效益的角度出发，可以发展设施栽培。设施栽培中要加强肥料利用和栽培技术的优化，有针对性地结合区域开展微生物肥的利用，有机与无机混合的条件下进行施肥技术的研究，提高作物产量的同时，改善土壤的结构性。

8.3.3 氮对农药残留的影响

已有研究证实，施肥能够影响土壤农药的降解转化。不同的农药在土壤中的降解和转化方式不一样，施肥会直接或间接地影响农药的降解转化。本研究发现，不同的土壤中加入不同的适宜氮量，对精甲霜灵的降解具有促进作用，氮量的多少与土壤的肥力直接相关，过少或过多都将会对精甲霜灵的降解发生抑制作用。同时发现，精甲霜灵会使土壤中的细菌、放线菌和真菌减少，不同氮水平对土壤中的细菌、放线菌和真菌的影响也不一样，适宜氮水平有利于细菌和放线菌的生长繁殖，初步认为氮通过改变微生物的量来影响精甲霜灵的降解。甚至有研究认为，不同形态的氮将影响到农药的降解转化。因此，利用生物学分析施肥对农药降解的影响机制，探索科学施用化肥农药的模式以及施肥加快农药降解的机理，为建立友好型农业提供理论基础和技术。

参 考 文 献

安瞳昕, 吴伯志. 2004. 坡耕地玉米双垄种植及地表覆盖保持耕作措施研究[J]. 西南农业学报, 17(S1): 94-100

安瞳昕, 李彩虹, 吴伯志, 等. 2007. 玉米不同间作方式对坡耕地水土流失的影响[J]. 水土保持学报, 21(5): 18-20

白红英, 唐克丽, 陈文亮, 等. 1991. 坡地土壤侵蚀与养分流失过程的研究[J]. 水土保持通报, 11(3): 14-19

蔡崇法, 丁树文. 1996. 三峡库区紫色土坡地养分状况及养分流失[J]. 地理研究, 15(3): 77-84

蔡全英, 莫测辉, 曾巧云, 等. 2006. 农用城市污泥二硝基甲苯在蕹菜-水稻土-渗漏水系统中的分布特征研究[J]. 农业工程学报, 22(9): 180-183

曹爱华, 李义强, 孙惠青, 等. 2007. 烟草及土壤中精甲霜灵残留分析方法和降解规律研究[J]. 中国烟草科学, 28(3): 35-37

常智慧, 韩烈保. 2005. 甲霜灵在高尔夫球场根系层和淋溶水中的残留[J]. 草地学报, 13(2): 159-161

陈春瑜, 和树庄, 胡斌, 等. 2012. 土地利用方式对滇池流域土壤养分时空分布的影响[J]. 应用生态学报, 23(10): 2677-2684

陈磊. 2007. 黄土高原旱地农田生态系统 N 素循环及其环境效应研究[D], 杨凌: 西北农林科技大学

陈莉, 贾春虹, 朱晓丹, 等. 2010. 精甲霜灵在西瓜和土壤中的残留动态[J]. 农药, 49(4): 282-283, 297

程文娟, 史静, 夏运生, 等. 2008. 滇池流域农田土壤氮磷流失分析研究[J]. 水土保持学报, 22(5): 52-55

陈新平, 张福锁. 1996. 北京地区蔬菜施肥的问题与对策[J]. 中国农业大学学报, 1(5): 63-66

陈志良, 程炯, 刘平, 等. 2008. 暴雨径流对流域不同土地利用土壤氮磷流失的影响[J]. 水土保持学报, 22(5): 30-33

陈子明, 袁锋明. 1995. 氮肥施用对土体中氮素移动利用及其对产量的影响[J]. 土壤肥料, (4): 36-42

褚军, 薛建辉, 吴殿鸣, 等. 2014. 不同施氮水平下杨树-苋菜间作系统对土壤氮素流失的影响[J]. 应用生态学报, 25(9): 2591-2597

丁蕊艳, 陈子雷, 李瑞菊, 等. 2008. 马铃薯及土壤中精甲霜灵残留动态[J]. 农药学学报, 10(4): 450-454

杜会英, 冀宏杰, 徐爱国, 等. 2010. 太湖和滇池流域保护地蔬菜氮肥去向研究[J]. 农业环境科学学报, 29(7): 1410-1416

杜晓玉, 徐爱国, 冀宏杰, 等. 2011. 华北地区施用有机肥对土壤氮组分及农田氮流失的影响[J]. 中国土壤与肥料, (6): 13-19

段永惠, 张乃明, 张玉娟. 2004. 农田径流氮磷污染负荷的田间施肥控制效应[J]. 水土保持学报, 18(3): 130-132

段永惠, 张乃明, 张玉娟. 2005. 施肥对农田氮磷污染物径流输出的影响研究[J]. 土壤, 37(1): 48-51

樊兆博, 刘美菊, 张晓曼, 等. 2011. 滴灌施肥对设施番茄产量和氮素表观平衡的影响[J]. 植物营养与肥料学报, 17(4): 970-976

方华, 莫江明. 2006. 活性氮增加: 一个威胁环境的问题[J]. 生态环境, 15(1): 164-168

方晓航, 仇荣亮. 2002. 农药在土壤环境中的行为研究[J]. 土壤与环境, 11(1): 94-97

付斌, 胡万里, 屈明, 等. 2009. 不同农作措施对云南红壤坡耕地径流调控研究[J]. 水土保持学报, 23(1): 17-20

付伟章. 2005. 氮肥施用对农田氮素径流输出的影响及其机理[D]. 泰安: 山东农业大学

傅涛, 倪九派, 魏朝富, 等. 2003. 不同雨强和坡度条件下紫色土养分流失规律研究[J]. 植物营养与肥料学报, 9(1): 71-74

傅涛, 倪九派, 魏朝富, 等. 2001. 坡耕地土壤侵蚀研究进展[J]. 水土保持学报, 15(3): 123-128

龚文, 张怀志, 李永梅, 等. 2010. 滇池流域原位模拟降雨条件下不同有机肥用量的农田氮素流失研究[J]. 中国土壤与肥料, (2): 16-20

桂萌, 祝万鹏. 2003. 滇池流域大棚种植区面源污染释放规律[J]. 农业环境科学学报, 22(1): 1-5
郭文义, 王孟雪, 张玉先. 2009. 不同中耕技术对坡耕地大豆产量及水分利用效率的影响[J]. 黑龙江农业科学, (6): 30-32
郭永盛, 李俊华, 李鲁华, 等. 2011. 施氮肥对荒漠草原土壤微生物种群及微生物量的影响[J]. 新疆农业科学, 48(1): 79-85
郭云周, 刘建香, 贾秋鸿, 等. 2009. 不同农艺措施组合对云南红壤坡耕地氮素平衡和流失的影响[J]. 农业环境科学学报, 28(4): 723-728
黑志辉, 范茂攀, 毛昆明, 等. 2014. 间作条件下玉米根系固土力原位测定[J]. 中国农学通报, 30(30): 188-191
胡万里, 孔令明, 段宗颜, 等. 2006. 滇池流域西芹保护地氮流失分析[J]. 云南农业大学学报, 21(5): 670-672
黄昌勇, 徐建明. 2013. 土壤学[M]. 3 版. 北京: 中国农业出版社
黄东风, 王果, 李卫华, 等. 2009. 不同施肥模式对蔬菜生长, 氮肥利用及菜地氮流失的影响[J]. 应用生态学报, 20(3): 631-638
黄东风, 王果, 李卫华, 等. 2009. 菜地土壤氮磷面源污染现状, 机制及控制技术[J]. 应用生态学报, 20(4): 991-1001
黄丽, 董舟. 1998. 三峡库区紫色土养分流失的试验研究[J]. 土壤侵蚀与水土保持学报, 4(1): 8-13
黄云凤, 张珞平, 洪华生, 等. 2004. 不同土地利用对流域土壤侵蚀和氮, 磷流失的影响[J]. 农业环境科学学报, 23(4): 735-739
江忠善, 李秀英. 1988. 黄土高原土壤流失预报方程中降雨侵蚀力和地形因子的研究[J]. 中国科学院西北水土保持研究所集刊, (1): 40-45
姜慧敏. 2012. 氮肥管理模式对设施菜地氮素残留与利用的影响[D]. 北京: 中国农业科学院
焦荔. 1991. USLE 模型及营养物流失方程在西湖非点源污染调查中的应用[J]. 环境污染与防治, 13(6): 5-8
焦念元, 陈明灿, 付国占, 等. 2007. 玉米花生间作复合群体的光合物质积累与叶面积指数变化[J]. 作物杂志, (1): 34-35
焦少俊, 胡夏民, 潘根兴, 等. 2007. 施肥对太湖地区青紫泥水稻土稻季农田氮磷流失的影响[J]. 生态学杂志, 26(4): 495-500
金继运, 李家康, 李书田. 2006. 化肥与粮食安全[J]. 植物营养与肥料学报, 12(5): 601-609
孔祥斌, 张凤荣, 齐伟, 等. 2004. 集约化农区土地利用变化对土壤养分的影响——以河北省曲周县为例[J]. 地理学报, 58(3): 333-342
雷志栋. 1988. 土壤水动力学[M]. 北京: 清华大学出版社
李翠萍, 续勇波, 李永梅, 等. 2006. 滇池湖滨带设施蔬菜, 花卉的农田养分平衡[J]. 云南农业大学学报, 20(6): 804-809
李东坡, 武志杰, 陈利军, 等. 2004. 长期培肥黑土微生物量碳动态变化及影响因素[J]. 应用生态学报, 15(8): 1334-1338
李洪勋, 吴伯志. 2006. 用径流小区法研究不同耕作措施对土壤侵蚀的影响[J]. 土壤, 38(1): 81-85
李庆逵, 于天仁, 朱兆良. 1998. 中国农业持续发展中的肥料问题[M]. 南昌: 江西科学技术出版社
李秋祝, 余常兵, 胡汉升, 等. 2010. 不同竞争强度间作体系氮素利用和土壤剖面无机氮分布差异[J]. 植物营养与肥料学报, 16(4): 777-785
李少明, 赵平, 范茂攀, 等. 2004. 玉米大豆间作条件下氮素养分吸收利用研究[J]. 云南农业大学学报, 19(5): 572-574
李秀芬, 朱金兆, 顾晓君, 等. 2010. 农业面源污染现状与防治进展[J]. 中国人口 • 资源与环境, 20(4): 81-84
李秀英, 赵秉强, 李絮花, 等. 2005. 不同施肥制度对土壤微生物的影响及其与土壤肥力的关系[J]. 中国农业科学, 38(8): 1591-1599
李永梅, 胡霭堂, 秦怀英. 1994. 氮、钾肥对菜园土壤环境的影响[J]. 云南农业大学学报, 9(3): 183-187
梁泉, 尹元萍, 杨通新. 2004. 玉米大豆间作试验初步研究[J]. 耕作与栽培, (5): 16-19
廖晓勇, 陈治谏, 刘邵权, 等. 2005. 三峡库区紫色土坡耕地不同利用方式的水土流失特征[J]. 水土保持研究, 12(1): 159-161
林超文, 罗春燕, 庞良玉, 等. 2010. 不同耕作和覆盖方式对紫色丘陵区坡耕地水土及养分流失的影响[J]. 生态学报, (22):

6091-6101
凌龙生. 1986. 云南红壤利用改良的研究概况及进展[J]. 云南农业科技, (3): 3-5, 11
刘恩科, 赵秉强, 李秀英, 等. 2008. 长期施肥对土壤微生物量及土壤酶活性的影响[J]. 植物生态学报, 32(1): 176-182
刘宏斌, 雷宝坤, 张云贵, 等. 2001. 北京市顺义区地下水硝态氮污染的现状与评价[J]. 植物营养与肥料学报, 7(4): 385-390
刘宏斌, 李志宏, 张维理, 等. 2004. 露地栽培条件下大白菜氮肥利用率与硝态氮淋溶损失研究[J]. 植物营养与肥料学报, 10(3): 286-291
刘宏斌, 李志宏, 张云贵, 等. 2006. 北京平原农区地下水硝态氮污染状况及其影响因素研究[J]. 土壤学报, 43(3): 405-413
刘宏斌, 张云贵, 李志宏, 等. 2005. 北京市平原农区深层地下水硝态氮污染状况研究[J]. 土壤学报, 42(3): 411-418
刘厚培. 2003. 我国南方山区旱地农业问题和发展对策[J]. 资源科学, 7(4): 16-21
刘建香, 贾秋鸿, 田树, 等. 2009. 种植和施肥方式对云南坡耕地氮素流失的影响[J]. 云南农业大学学报: 自然科学版, 24(4): 586-590
刘均霞, 陆引罡, 远红伟, 等. 2008. 玉米/大豆间作条件下作物根系对氮素的吸收利用[J]. 华北农学报, 23(1): 173-175
刘立光, 吴伯志. 1993. 不同耕种方式对水土流失及产量的影响[J]. 耕作与栽培, (4): 12-14
刘天学, 张绍芬, 赵霞, 等. 2008. 我国玉米主要间作技术研究进展[J]. 河南农业科学, (5): 14-17
刘西莉, 马安捷, 林吉柏, 等. 2003. 精甲霜灵与外消旋体甲霜灵对掘氏疫霉菌的抑菌活性比较[J]. 农药学学报, 5(3): 45-49
刘醒华. 1986. 云南山地红壤的物理化学特征差异与利用[J]. 云南大学学报: 自然科学版, (4): 14
刘巽浩. 1992. 90 年代我国耕作制度发展展望[J]. 耕作与栽培, (2): 1-9
刘毅, 陶勇, 万开元, 等. 2010. 丹江口库区坡耕地柑桔园不同覆盖方式下地表径流氮磷流失特征[J]. 长江流域资源与环境, 19(11): 1340-1344
刘元保, 唐克丽, 查轩, 等. 1990. 坡耕地不同地面覆盖的水土流失试验研究[J]. 水土保持学报, 4(1): 25-29
刘月娇, 倪九派, 张洋, 等. 2015. 三峡库区新建柑橘园间作的截流保肥效果分析[J]. 水土保持学报, 29(1): 226-230
龙荣华, 潘丽云, 浦恩达, 等. 2013. 云南蔬菜产业发展的问题与思考[J]. 中国农学通报, 29(20): 101-104
鲁耀, 胡万里, 雷宝坤, 等. 2012. 云南坡耕地红壤地表径流氮磷流失特征定位监测[J]. 农业环境科学学报, 31(8): 1544-1553
陆轶峰, 雷宝坤. 2003. 滇池流域农田氮、磷肥施用现状与评价[J]. 云南环境科学, 22(1): 34-37
吕殿青, 同延安, 孙本华. 1998. 氮肥施用对环境污染影响的研究[J]. 植物营养与肥料学报, 4(1): 8-15
罗兰芳, 聂军, 郑圣先, 等. 2010. 施用控释氮肥对稻田土壤微生物生物量碳、氮的影响[J]. 生态学报, 30(11): 2925-2932
麻雪艳, 周广胜. 2013. 玉米叶面积指数动态模拟的最适野外观测资料[J]. 应用生态学报, 24(6): 1579-1585
马立珊, 钱敏仁. 1987. 太湖流域水环境硝态氮和亚硝态氮污染的研究[J]. 环境科学, 8(2): 60-65
马立珊, 汪祖强, 张水铭, 等. 1997. 苏南太湖水系农业面源污染及其控制对策研究[J]. 环境科学学报, 17(1): 39-47
马立珊. 1992. 苏南太湖水系农业非点源氮污染及其控制对策研究[J]. 应用生态学报, 3(4): 346-354
米艳华, 潘艳华, 沙凌杰, 等. 2006. 云南红壤坡耕地的水土流失及其综合治理[J]. 水土保持学报, 20(2): 17-21
闵炬, 施卫明. 2009. 不同施氮量对太湖地区大棚蔬菜产量、氮肥利用率及品质的影响[J]. 植物营养与肥料学报, 15(1): 151-157
宁建凤, 徐培智, 杨少海, 等. 2011. 有机无机肥配施对菜地土壤氮素径流流失的影响[J]. 水土保持学报, 25(3): 17-21
欧阳喜辉, 武晓霞. 1996. 论农业可持续发展[J]. 农业环境保护, 15(5): 234-236
庞欣, 张福锁, 王敬国. 2000. 不同供氮水平对根际微生物量氮及微生物活度的影响[J]. 植物营养与肥料学报, 6(4): 476-480
彭琳, 王继增, 卢宗藩. 1994. 黄土高原旱作土壤养分剖面运行与坡面流失的研究[J]. 西北农业学报, 3(1): 62-66
蒲玉琳, 谢德体, 林超文, 等. 2014. 紫色土区不同植物篱模式控制坡耕地氮素流失效应[J]. 农业工程学报, 30(23): 138-147

邱卫国, 唐浩, 王超. 2004. 水稻田面水氮素动态径流流失特性及控制技术研究[J]. 农业环境科学学报, 23(4): 740-744
邱学礼, 段宗颜, 胡万里, 等. 2010. 降水特征与农作处理对坡耕地水土流失的动态研究[J]. 水土保持学报, (1): 82-85
全为民, 严力蛟. 2002. 农业面源污染对水体富营养化的影响及其防治措施[J]. 生态学报, 22(3): 291-299
沈连峰, 苗蕾, 韩敏, 等. 2012. 河南省淮河流域不同土地利用类型氮磷流失的特征分析[J]. 水土保持学报, 26(4): 77-80
史静, 卢谌, 张乃明. 2013. 混播草带控制水源区坡地土壤氮、磷流失效应[J]. 农业工程学报, 29(4): 151-156
司友斌, 王慎强. 2000. 农田氮、磷的流失与水体富营养化[J]. 土壤, 32(4): 188-193
宋科, 徐爱国, 张维理, 等. 2009. 太湖水网地区不同种植类型农田氮素渗漏流失研究[J]. 南京农业大学学报, 32(3): 88-92
宋日, 刘利, 马丽艳, 等. 2009. 作物根系分泌物对土壤团聚体大小及其稳定性的影响[J]. 南京农业大学学报, 32(3): 93-97
宋娅丽, 王克勤. 2010. 滇中坡耕地农田生态系统中氮素平衡特征[J]. 水土保持学报(1): 150-154
苏友波, 李刚, 毛昆明, 等. 2004. 昆明地区主要花卉蔬菜基地设施栽培土壤养分变化特点[J]. 土壤, 36(3): 303-306
汤丽玲, 陈清, 张宏彦, 等. 2002. 不同灌溉与施氮措施对露地菜田土壤无机氮残留的影响[J]. 植物营养与肥料学报, 8(3): 282-287
唐涛, 郝明德, 单凤霞. 2008. 人工降雨条件下秸秆覆盖减少水土流失的效应研究[J]. 水土保持研究, 15(1): 9-11, 40
汪海静. 2011. 氮肥对土壤微生物多样性影响的研究[D]. 长春: 吉林农业大学
王畅, 李永梅, 王自林, 等. 2013. 稻草编织物覆盖对坡耕地红壤侵蚀及理化性质的影响[J]. 水土保持学报, 27(5): 68-72
王朝辉, 宗志强, 李生秀, 等. 2002. 蔬菜的硝态氮累积及菜地土壤的硝态氮残留[J]. 环境科学, 23(3): 79-83
王冬梅. 2002. 农地水土保持[M]. 北京: 中国林业出版社
王洪杰, 李宪文. 2002. 四川紫色土区小流域土壤养分流失初步研究[J]. 土壤通报, 33(6): 441-444
王洪杰, 李宪文, 史学正, 等. 2003. 不同土地利用方式下土壤养分的分布及其与土壤颗粒组成关系[J]. 水土保持学报, 17(2): 44-46
王洪中, 张忠武. 1999. 云南坡耕地农业持续发展研究[J]. 水土保持通报, 19(4): 18-20
王静, 郭熙盛, 王允青. 2011. 秸秆覆盖与平衡施肥对巢湖流域农田氮素流失的影响研究[J]. 土壤通报, 42(2): 331-335
王军, 朱鲁生, 谢慧, 等. 2007. POPs 污染物莠去津在长期定位施肥土壤中的残留动态[J]. 环境科学, 28(12): 2821-2826
王丽, 王力, 王全九. 2014. 前期含水量对坡耕地产流产沙及氮磷流失的影响[J]. 农业环境科学学报, 33(11): 2171-2178
王诗生, 卞永荣, 王芳, 等. 2009. 五氯酚在长期定位施肥土壤中的残留动态[J]. 土壤, (3): 442-447
王诗生, 杨兴伦, 王芳, 等. 2015. 长期不同施肥土壤中残留五氯酚在水稻中的富集特征[J]. 中国环境科学, (11): 62-67
王晓龙, 胡锋, 李辉信, 等. 2006. 红壤小流域不同土地利用方式对土壤微生物量碳氮的影响[J]. 农业环境科学学报, 25(1): 143-147
王效举, 龚子同. 1998. 红壤丘陵小区域不同利用方式下土壤变化的评价和预测[J]. 土壤学报, 35(1): 135-139
王心星, 荣湘民, 张玉平, 等. 2014. 自然降雨条件下玉米与不同作物间套作的氮损失特征[J]. 水土保持学报, 28(5): 113-118
王兴祥, 张桃林, 张斌. 1999. 红壤旱坡地农田生态系统养分循环和平衡[J]. 生态学报, 19(3): 335-341
王英俊, 李同川, 张道勇, 等. 2013. 间作白三叶对苹果/白三叶复合系统土壤团聚体及团聚体碳含量的影响[J]. 草地学报, 21(3): 485-493
王育红, 姚宇卿. 2002. 残茬和秸秆覆盖对黄土坡耕地水土流失的影响[J]. 干旱地区农业研究, 20(4): 109-111
王云, 徐昌旭, 汪怀建, 等. 2011. 施肥与耕作对红壤坡地养分流失的影响[J]. 农业环境科学学报, 30(3): 500-507
吴伯志, 刘立光. 1996. 不同耕种措施对坡地红壤侵蚀率的影响[J]. 耕作与栽培, (5): 17-20
武良. 2014. 基于总量控制的中国农业氮肥需求及温室气体减排潜力研究[D]. 北京: 中国农业大学
奚振邦. 2004. 关于化肥对作物产量贡献的评估问题[J]. 磷肥与复肥, 19(3): 68-71

肖强, 张维理, 王秋兵, 等. 2005. 太湖流域麦田土壤氮素流失过程的模拟研究[J]. 植物营养与肥料学报, 11(6): 731-736

肖新, 朱伟, 肖靓, 等. 2013. 适宜的水氮处理提高稻基农田土壤酶活性和土壤微生物量碳氮[J]. 农业工程学报, 29(21): 91-98

谢克和, 谭天爵. 1992. 稀土硝酸盐对蚓蚯生长繁殖的影响[J]. 农业环境保护, 11(5): 223-235

谢文军, 周健民, 王火焰. 2008. 长期施肥对土壤中氯氰菊酯降解转化的影响[J]. 农业工程学报, 23(11): 234-238

谢文军, 周健民, 王火焰, 等. 2006. 不同施肥条件下氯氰菊酯对土壤酶活性的影响及其降解差异[J]. 水土保持学报, 20(4): 127-131

谢文军, 周健民, 王火焰, 等. 2009. 施肥对土壤中农药降解的影响[J]. 土壤通报, 40(2): 446-450

谢真越, 卓慕宁, 李定强, 等. 2013. 不同施肥水平下菜地径流氮磷流失特征[J]. 生态环境学报, 22(8): 1423-1427

邢向欣, 郑毅, 汤利. 2012. 稻草编织物覆盖对坡耕地红壤土壤侵蚀和养分流失的控制作用[J]. 土壤通报, 43(5): 1237-1241

熊汉锋, 万细华. 2008. 农业面源氮磷污染对湖泊水体富营养化的影响[J]. 环境科学与技术, 31(2): 25-27

徐力刚, 王晓龙, 崔锐, 等. 2012. 不同农业种植方式对土壤中硝态氮淋失的影响研究[J]. 土壤, 44(2): 225-231

徐阳春, 储国良. 2000. 水旱轮作下长期免耕和施用有机肥对土壤某些肥力性状的影响[J]. 应用生态学报, 11(4): 549-552

薛宇燕, 李永梅, 王自林, 等. 2011. 稻草编织物覆盖对坡耕地水土流失及玉米产量的影响[J]. 中国农学通报, 27(21): 192-198

严君, 韩晓增, 王树起, 等. 2010. 不同施氮量下一次与分次施氮对大豆土壤微生物数量及酶活性的影响[J]. 水土保持学报, 24(3): 150-154

晏维金, 尹澄清, 孙濮, 等. 1999. 磷氮在水田湿地中的迁移转化及径流流失过程[J]. 应用生态学报, 10(3): 312-316

杨翠玲, 祖艳群, 李元, 等. 2013. 不同配比的蔬菜与玉米间套作削减农田径流污染的研究[J]. 农业环境科学学报, 32(2): 378-384

杨青森, 郑粉莉, 温磊磊, 等. 2011. 秸秆覆盖对东北黑土区土壤侵蚀及养分流失的影响[J]. 水土保持通报, 31(2): 1-5

杨瑞珍. 1994. 我国坡耕地资源及其利用模式[J]. 自然资源, (1): 1-7

叶优良, 李隆, 孙建好. 2008. 3 种豆科作物与玉米间作对土壤硝态氮累积和分布的影响[J]. 中国生态农业学报, 16(4): 818-823

雍太文, 刘小明, 刘文钰, 等. 2014. 减量施氮对玉米-大豆套作体系中作物产量及养分吸收利用的影响[J]. 应用生态学报, 25(2): 474-482

于红梅, 李子忠, 龚元石, 等. 2007. 氮肥投入水平对蔬菜地硝态氮淋洗特征的影响[J]. 土壤, 38(6): 698-702

于兴修, 杨桂山, 梁涛. 2002. 西苕溪流域土地利用对氮素径流流失过程的影响[J]. 农业环境保护, 21(5): 424-427

袁东海, 张如良. 2002. 不同农作方式红壤坡耕地土壤氮素流失特征[J]. 应用生态学报, 13(7): 863-866

袁东海, 王兆骞, 陈欣, 等. 2001. 不同农作措施红壤坡耕地水土流失特征的研究[J]. 水土保持学报, 15(4): 66-69

袁东海, 王兆骞, 陈欣, 等. 2003. 红壤小流域不同利用方式氮磷流失特征研究[J]. 生态学报, 23(1): 188-198

袁锋明, 陈子明. 1995. 北京地区潮土表层中 NO_3^-—N 的转化积累及其淋洗损失[J]. 土壤学报, 32(4): 388-398

袁新民, 同延安, 杨学云, 等. 2000. 灌溉与降水对土壤 NO_3^-—N 累积的影响[J]. 水土保持学报, 14(3): 71-74

臧逸飞, 郝明德, 张丽琼, 等. 2015. 26 年长期施肥对土壤微生物量碳、氮及土壤呼吸的影响研究[J]. 生态学报, 35(5): 1445-1451

曾希柏, 白玲玉, 李莲芳, 等. 2009. 山东寿光不同利用方式下农田土壤有机质和氮磷钾状况及其变化[J]. 生态学报, 29(7): 3737-3746

曾招兵, 李盟军, 姚建武, 等. 2012. 习惯施肥对菜地氮磷径流流失的影响[J]. 水土保持学报, 26(5): 34-38

湛方栋, 傅志兴, 杨静, 等. 2012. 滇池流域套作玉米对蔬菜农田地表径流污染流失特征的影响[J]. 环境科学学报, 32(4): 847-855

张超兰, 徐建明. 2007. 氮磷无机营养物质对莠去津在土壤中消解的影响研究[J]. 农业环境科学学报, 26(5): 1694-1697

张春霞, 文宏达, 刘宏斌, 等. 2013. 优化施肥对大棚番茄氮素利用和氮素淋溶的影响[J]. 植物营养与肥料学报, 19(5): 1139-1145

张福锁, 王激清, 张卫峰, 等. 2008. 中国主要粮食作物肥料利用率现状与提高途径[J]. 土壤学报, 45(5): 915-924

张福锁. 2008. 我国肥料产业与科学施肥战略研究报告[M]. 北京: 中国农业大学出版社

张贵龙, 任天志, 李志宏, 等. 2009. 施氮量对白萝卜硝酸盐含量和土壤硝态氮淋溶的影响[J]. 植物营养与肥料学报, 15(4): 877-883

张洪, 黎海林, 陈震. 2012. 滇池流域土地利用动态变化及对流域水环境的影响分析[J]. 水土保持研究, 19(1): 92-97

张继宗, 张维理, 雷秋良, 等. 2009. 太湖平原农田区域地表水特征及对氮磷流失的影响[J]. 生态环境学报, 18(4): 1497-1503

张乃明, 李刚, 苏友波, 等. 2006. 滇池流域大棚土壤硝酸盐累积特征及其对环境的影响[J]. 农业工程学报, 22(6): 215-217

张庆忠, 陈欣. 2002. 农田土壤硝酸盐积累与淋失研究进展[J]. 应用生态学报, 13(2): 233-238

张荣霞. 2013. 不同作物多种叶面积指数获取方法对比研究[D]. 武汉: 华中农业大学

张维理, 冀宏杰, 徐爱国. 2004. 中国农业面源污染形势估计及控制对策 Ⅱ. 欧美国家农业面源污染状况及控制[J]. 中国农业科学, 37(7): 1018-1025

张维理, 田哲旭, 张宁, 等. 1995. 我国北方农用氮肥造成地下水硝酸盐污染的调查[J]. 植物营养与肥料学报, 1(2): 80-87

张维理, 武淑霞, 冀宏杰, 等. 2004. 中国农业面源污染形势估计及控制对策 I. 21 世纪初期中国农业面源污染的形势估计[J]. 中国农业科学, 37(7): 1008-1017

张向前, 黄国勤, 卞新民, 等. 2012. 间作对玉米品质、产量及土壤微生物数量和酶活性的影响[J]. 生态学报, 32(22): 7082-7090

张心昱, 陈利顶, 傅伯杰, 等. 2007. 农田生态系统不同土地利用方式与管理措施对土壤质量的影响[J]. 应用生态学报, 18(2): 303-309

张学军, 赵营, 陈晓群, 等. 2007. 氮肥施用量对设施番茄氮素利用及土壤 -N 累积的影响[J]. 生态学报, 27(9): 3761-3768

张亚丽, 张兴昌, 邵明安, 等. 2004. 秸秆覆盖对黄土坡面矿质氮素径流流失的影响[J]. 水土保持学报, 18(1): 85-88

张玉珍. 2006. 农田不同土地利用氮素渗漏量的研究[J]. 福州大学学报: 自然科学版, 34(4): 620-624

赵庚星, 李秀娟, 李涛, 等. 2005. 耕地不同利用方式下的土壤养分状况分析[J]. 农业工程学报, 21(10): 55-58

赵林萍. 2009. 施用有机肥农田氮磷流失模拟研究[D]. 武汉: 华中农业大学

赵平, 郑毅, 汤利, 等. 2010. 小麦蚕豆间作施氮对小麦氮素吸收、累积的影响[J]. 中国生态农业学报, 18(4): 742-747

赵其国, 骆永明, 滕应, 等. 2009. 当前国内外环境保护形势及其研究进展[J]. 土壤学报, (6): 1146-1154

赵野, 苏芳莉, 崔彬, 等. 2011. 土壤前期含水量对棕壤土坡耕地养分流失的影响[J]. 水土保持学报, 25(1): 25-29

朱福兴, 王沫, 李建洪. 2004. 降解农药的微生物[J]. 微生物学通报, 31(5): 120-123

朱兆良, 孙波, 杨林章, 等. 2005. 我国农业面源污染的控制政策和措施[J]. 科技导报, 23(504): 47-51

朱兆良. 2000. 农田中氮肥的损失与对策[J]. 土壤与环境, 9(1): 1-6

祖艳群, 杨静, 湛方栋, 等. 2014. 秸秆覆盖对玉米和青花农田土壤面源污染负荷的影响[J]. 水土保持学报, 28(6): 155-160

Abdelhafid R, Houot S, Barriuso E. 2000. How increasing availabilities of carbon and nitrogen affect atrazine behaviour in soils[J]. Biology and Fertility of Soils, 30(4): 333-340

Aggarwal T C, Narula N, Gupta K G. 1986. Effect of some carbamate pesticides on nodulation, plant yield and nitrogen fixation byPisum sativum andVigna sinensis in the presence of their respective rhizobia[J]. Plant and Soil, 94(1): 125-132

Agnihotri V P. 1971. Persistence of captan and its effects on microflora, respiration, and nitrification of a forest nursery soil[J].

Canadian Journal of Microbiology, 17(3): 377-383

Ahmed S, Rao M R. 1982. Performance of maize-soybean intercrop combination in the tropics: results of a multi-location study[J]. Field Crops Research, 5: 147-161

Alber T, Cassidy M B, Zablotowicz R M, et al. 2000. Degradation of p-nitrophenol and pentachlorophenol mixtures by *Sphingomonas* sp. UG30 in soil perfusion bioreactors[J]. Journal of Industrial Microbiology and Biotechnology, 25(2): 93-99

Alberts E E, Schuman G E, Burwell R E. 1978. Seasonal runoff losses of nitrogen and phosphorus from Missouri Valley loess watersheds[J]. Journal of Environmental Quality, 7(2): 203-208

Alegre J C, Rao M R. 1996. Soil and water conservation by contour hedging in the humid tropics of Peru[J]. Agriculture, Ecosystems, Environment, 57(1): 17-25

Allaire-Leung S E, Wu L, Mitchell J P, et al. 2001. Nitrate leaching and soil nitrate content as affected by irrigation uniformity in a carrot field[J]. Agricultural Water Management, 48(1): 37-50

Allen J R, Obura R K. 1983. Yield of corn, cowpea, and soybean under different intercropping systems[J]. Agronomy Journal, 75(6): 1005-1009

Alvey S, Crowley D E. 1995. Influence of organic amendments on biodegradation of atrazine as a nitrogen source[J]. Journal of Environmental Quality, 24(6): 1156-1162

Arheimer B, Liden R. 2000. Nitrogen and phosphorus concentrations from agricultural catchments-influence of spatial and temporal variables[J]. Journal of Hydrology, 227(1): 140-159

Atlas R M, Pramer D, Bartha R. 1978. Assessment of pesticide effects on non-target soil microorganisms[J]. Soil Biology and Biochemistry, 10(3): 231-239

Babiker I S, Mohamed M A, Terao H et al. 2004. Assessment of groundwater contamination by nitrate leaching from intensive vegetable cultivation using geographical information system[J]. Environment International, 29(8): 1009-1017

Bailey A M, Coffey M D. 1986. Characterization of microorganisms involved in accelerated biodegradation of metalaxyl and metolachlor in soils[J]. Canadian Journal of Microbiology, 32(7): 562-569

Baker K L, Marshall S, Nicol G W, et al. 2010. Degradation of metalaxyl-M in contrasting soils is influenced more by differences in physicochemical characteristics than in microbial community composition after re-inoculation of sterilised soils[J]. Soil Biology and Biochemistry, 42(7): 1123-1131

Barton A P, Fullen M A, Mitchell D J, et al. 2004. Effects of soil conservation measures on erosion rates and crop productivity on subtropical Ultisols in Yunnan Province, China[J]. Agriculture, Ecosystems, Environment, 104(2): 343-357

Bauer A, Black A L. 1981. Soil carbon, nitrogen, and bulk density comparisons in two cropland tillage systems after 25 years and in virgin grassland[J]. Soil Science Society of America Journal, 45(6): 1166-1170

Bergstrom L. 1987. Nitrate leaching and drainage from annual and perennial crops in tile-drained plots and lysimeters[J]. Journal of Environmental Quality, 16(1): 11-18

Bhatt R, Khera K L. 2006. Effect of tillage and mode of straw mulch application on soil erosion in the submontaneous tract of Punjab, India[J]. Soil and Tillage Research, 88(1): 107-115

Boers P C. 1996. Nutrient emissions from agriculture in the Netherlands, causes and remedies[J]. Water Science and Technology, 33(4): 183-189

Böhme L, Langer U, Böhme F. 2005. Microbial biomass, enzyme activities and microbial community structure in two European long-term field experiments[J]. Agriculture, Ecosystems, Environment, 109(1): 141-152

Burger M, Jackson L E. 2003. Microbial immobilization of ammonium and nitrate in relation to ammonification and nitrification rates in organic and conventional cropping systems[J]. Soil Biology and Biochemistry, 35(1): 29-36

Cabrera R I, Evans R Y, Paul J L. 1993. Leaching losses of N from container-grown roses[J]. Scientia Horticulturae, 53(4): 333-345

Campbell C A, Zentner R P, De Jong R. 1984. Effect of cropping, summerfallow and fertilizer nitrogen on nitrate-nitrogen lost by leaching on a Brown Chernozemic loam[J]. Canadian Journal of Soil Science, 64(1): 61-74

Cao L, Chen G, Lu Y. 2005. Nitrogen leaching in vegetable fields in the suburbs of Shanghai[J]. Pedosphere, 15(5): 641-645

Caracciolo A B, Giuliano G, Grenni P et al. 2005. Effect of urea on degradation of terbuthylazine in soil[J]. Environmental toxicology and chemistry, 24(5): 1035-1040

Celis R, Gámiz B, Adelino M A, et al. 2013. Environmental behavior of the enantiomers of the chiral fungicide metalaxyl in Mediterranean agricultural soils[J]. Science of The Total Environment, 444: 288-297

Cooke J G. 1994. Nutrient transformations in a natural wetland receiving sewage effluent and the implications for waste treatment[J]. Water Science, Technology, 29(4): 209-217

Cookson W R, Rowarth J S, Cameron K C. 2000. The effect of autumn applied 15N-labelled fertilizer on nitrate leaching in a cultivated soil during winter[J]. Nutrient Cycling in Agroecosystems, 56(2): 99-107

Costa J L, Massone H, Martınez D et al. 2002. Nitrate contamination of a rural aquifer and accumulation in the unsaturated zone[J]. Agricultural Water Management, 57(1): 33-47

De Paz J M, Ramos C. 2004. Simulation of nitrate leaching for different nitrogen fertilization rates in a region of Valencia(Spain) using a GIS-GLEAMS system[J]. Agriculture, Ecosystems, Environment, 103(1): 59-73

Dennis L, Corwin K. 1998. Non-point pollution modeling based on GIS[J]. Soil and Water Conservation, 1: 75-88

Diez J A, Caballero R, Roman R et al. 2000. Integrated fertilizer and irrigation management to reduce nitrate leaching in Central Spain[J]. Journal of Environmental Quality, 29(5): 1539-1547

Douglas C L, King K A, Zuzel J F. 1998. Nitrogen and phosphorus in surface runoff and sediment from a wheat-pea rotation in northeastern Oregon[J]. Journal of Environmental Quality, 27(5): 1170-1177

Edwards L, Burney J R, Richter G et al. 2000. Evaluation of compost and straw mulching on soil-loss characteristics in erosion plots of potatoes in Prince Edward Island, Canada[J]. Agriculture, Ecosystems, Environment, 81(3): 217-222

Entry J A. 1999. Influence of nitrogen on atrazine and 2, 4 dichlorophenoxyacetic acid mineralization in blackwater and redwater forested wetland soils[J]. Biology and Fertility of Soils, 29(4): 348-353

Farrell M, Prendergast-Miller M, Jones D L, et al. 2014. Soil microbial organic nitrogen uptake is regulated by carbon availability[J]. Soil Biology and Biochemistry, 77: 261-267

Fernandes M C, Cox L H, Hermosín M C, et al. 2003. Adsorption-desorption of metalaxyl as affecting dissipation and leaching in soils: role of mineral and organic components[J]. Pest Management Science, 59(5): 545-552

Fernández C, Vega J A. 2014. Efficacy of bark strands and straw mulching after wildfire in NW Spain: Effects on erosion control and vegetation recovery[J]. Ecological Engineering, 63: 50-57

Foley J A, DeFries R, Asner G P, et al. 2005. Global consequences of land use[J]. Science, 309(5734): 570-574

Foreman J K, Goodhead K. 1975. The formation and analysis of n - nitrosamines[J]. Journal of the Science of Food and Agriculture, 26(11): 1771-1783

Franklin D, Truman C, Potter T et al. 2007. Nitrogen and phosphorus runoff losses from variable and constant intensity rainfall simulations on loamy sand under conventional and strip tillage systems[J]. Journal of Environmental Quality, 36(3): 846-854

Galt R E. 1976. Beyond the circle of poison: significant shifts in the global pesticide complex-008[J]. Global Environmental Change, 2008, 18(4): 786-799

Gustafson A, Fleischer S, Joelsson A. 1998. Decreased leaching and increased retention potential co-operative measures to reduce diffuse nitrogen load on a watershed level[J]. Water Science and Technology, 38(10): 181-189

Hakil M, Voisinet F, Viniegra-González G, et al. 1999. Caffeine degradation in solid state fermentation by Aspergillus tamarii: effects of additional nitrogen sources[J]. Process Biochemistry, 35(1): 103-109

Heal O W, MacLean Jr S F. 1975. Comparative productivity in ecosystems-secondary productivity[M]. Berlin: Springer: 89-108

Houseworth L D. 1987. Excerpts from the new products and services from industry[J]. Plant Dis, 71(3): 286-291

Huber A, Bach M, Frede H G. 2000. Pollution of surface waters with pesticides in Germany: modeling non-point source inputs[J]. Agriculture, Ecosystems, Environment, 80(3): 191-204

Hussein M H, Laflen J M. 1982. Effects of crop canopy and residue on rill and interrill soil erosion[J]. Transactions of the ASAE[American Society of Agricultural Engineers] (USA), 25(5): 1310-1315

Inubushi K, Acquaye S, Tsukagoshi S et al. 2002. Effects of controlled-release coated urea(CRCU) on soil microbial biomass N in paddy fields examined by the 15N tracer technique[J]. Nutrient Cycling in Agroecosystems, 63(2-3): 291-300

Jackson L E, Stivers L J, Warden B T, et al. 1994. Crop nitrogen utilization and soil nitrate loss in a lettuce field[J]. Fertilizer Research, 37(2): 93-105

Jalali M. 2005. Nitrates leaching from agricultural land in Hamadan, western Iran[J]. Agriculture, Ecosystems, Environment, 110(3): 210-218

Johnson C R, Scow K M. 1999. Effect of nitrogen and phosphorus addition on phenanthrene biodegradation in four soils[J]. Biodegradation, 10(1): 43-50

Ju M, Xu Z, Wei-Ming S et al. 2011. Nitrogen balance and loss in a greenhouse vegetable system in southeastern China[J]. Pedosphere, 21(4): 464-472

Keeney D R. 1982. Nitrogen management for maximum efficiency and minimum pollution[J]. Nitrogen in Agricultural Soils(Nitrogeninagrics): 605-649

Kronvang B, Græsbøll P, Larsen S E, et al. 1996. Diffuse nutrient losses in Denmark[J]. Water Science and Technology, 33(4): 81-88

Kurt O. 1984. Trends in nitrate pollution of groundwater in Denmark[J]. Nordic hydrology, 15(4-5): 177-184

Lal R. 1997. Mulching effects on runoff, soil erosion, and crop response on alfisols in Western Nigeria[J]. Journal of Sustainable Agriculture, 11(2-3): 135-154

Lena B V. 1994. Nutrient preserving in riverine transitional strip[J]. Journal of Human Environment, 3(6): 342-347

Manevski K, Børgesen C D, Andersen M N, et al. 2015. Reduced nitrogen leaching by intercropping maize with red fescue on sandy soils in North Europe: a combined field and modeling study[J]. Plant, Soil, 388(1-2): 67-85

Martin R C, Voldeng H D, Smith D L. 1990. Intercropping corn and soybean for silage in a cool-temperature region: yield, protein and economic effects[J]. Field Crops Research, 23(3): 295-310

Mary B, Recous S, Robin D. 1998. A model for calculating nitrogen fluxes in soil using 15 N tracing[J]. Soil Biology and Biochemistry, 30(14): 1963-1979

McAleese D M. 1971. Environmental pollution and health: fertilizers and pesticides.[J]. Journal of the Irish Medical Association, 64(421): 521-522

McGhee I, Burns R G. 1995. Biodegradation of 2, 4-dichlorophenoxyacetic acid(2,4-D) and 2-methyl-4-chlorophenoxyacetic acid(MCPA) in contaminated soil[J]. Applied Soil Ecology, 2(3): 143-154

Moorman T B. 1989. A review of pesticide effects on microorganisms and microbial processes related to soil fertility[J]. Journal of Production Agriculture, 2(1): 14-23

Ndayegamiye A, Cote D. 1989. Effect of long-term pig slurry and solid cattle manure application on soil chemical and biological properties[J]. Canadian Journal of Soil Science, 69(1): 39-47

Neff J C, Townsend A R, Gleixner G et al. 2002. Variable effects of nitrogen additions on the stability and turnover of soil carbon[J]. Nature, 419(6910): 915-917

Nemergut D R, Townsend A R, Sattin S R, et al. 2008. The effects of chronic nitrogen fertilization on alpine tundra soil microbial communities: implications for carbon and nitrogen cycling[J]. Environmental Microbiology, 10(11): 3093-3105

Palis R G, Okwach G, Rose C W, et al. 1990. Soil erosion processes and nutrient loss. II. The effect of surface contact cover and erosion processes on enrichment ratio and nitrogen loss in eroded sediment[J]. Soil Research, 28(4): 641-658

Pansak W, Hilger T H, Dercon G et al. 2008. Changes in the relationship between soil erosion and N loss pathways after establishing soil conservation systems in uplands of Northeast Thailand[J]. Agriculture, Ecosystems, Environment, 128(3): 167-176

Potera C. 2007. Agriculture: pesticides disrupt nitrogen fixation[J]. Environmental Health Perspectives, 115(12): 578-581

Power J, Schepers J S. 1989. Nitrate contamination of groundwater in North America[J]. Agriculture, Ecosystems, Environment, 26(3): 165-187

Quinton J N, Catt J A. 2004. The effects of minimal tillage and contour cultivation on surface runoff, soil loss and crop yield in the long-term Woburn Erosion Reference Experiment on sandy soil at Woburn, England[J]. Soil Use and Management, 20(3): 343-349

Ramos C, Agut A, Lidon A L. 2002. Nitrate leaching in important crops of the Valencian Community region(Spain)[J]. Environmental Pollution, 118(2): 215-223

Rasmussen P E, Albrecht S L, Smiley R W. 1998. Soil C and N changes under tillage and cropping systems in semi-arid Pacific Northwest agriculture[J]. Soil and Tillage Research, 47(3): 197-205

Robichaud P R, Jordan P, Lewis S A, et al. 2013. Evaluating the effectiveness of wood shred and agricultural straw mulches as a treatment to reduce post-wildfire hillslope erosion in southern British Columbia, Canada[J]. Geomorphology, 197: 21-33

Rodrigo V, Stirling C M, Teklehaimanot Z et al. 2001. Intercropping with banana to improve fractional interception and radiation-use efficiency of immature rubber plantations[J]. Field Crops Research, 69(3): 237-249

Rosemeyer M, Viaene N, Swartz H et al. 2000. The effect of slash/mulch and alleycropping bean production systems on soil microbiota in the tropics[J]. Applied Soil Ecology, 15(1): 49-59

Schaefer M. 2004. Assessing 2, 4, 6-trinitrotoluene(TNT)-contaminated soil using three different earthworm test methods[J]. Ecotoxicology and Environmental Safety, 57(1): 74-80

Schlesinger W H, Abrahams A D, Parsons A J, et al. 1999. Nutrient losses in runoff from grassland and shrubland habitats in Southern New Mexico: I. Rainfall simulation experiments[J]. Biogeochemistry, 45(1): 21-34

Schwab A P, Kulyingyong S. 1989. Changes in phosphate activities and availability indexes with depth after 40 years of fertilization[J]. Soil Science, 147(3): 179-186

Sekhon G S. 1995. Fertilizer-N use efficiency and nitrate pollution of groundwater in developing countries[J]. Journal of Contaminant Hydrology, 20(3): 167-184

Shade A, Read J S, Youngblut N D, et al. 2012. Lake microbial communities are resilient after a whole-ecosystem disturbance[J]. The ISME Journal, 6(12): 2153-2167

Shuiwang D, Shen Z, Hongyu H. 2000. Transport of dissolved inorganic nitrogen from the major rivers to estuaries in China[J]. Nutrient Cycling in Agroecosystems, 57(1): 13-22

Shuman L M. 2002. Phosphorus and nitrate nitrogen in runoff following fertilizer application to turfgrass[J]. Journal of Environmental Quality, 31(5): 1710-1715

Siegel M R. 1975. Benomyl-soil microbial interactions[J]. Phytopathology, 65: 219-220

Silva R G, Holub S M, Jorgensen E E, et al. 2005. Indicators of nitrate leaching loss under different land use of clayey and sandy soils in southeastern Oklahoma[J]. Agriculture, Ecosystems, Environment, 109(3): 346-359

Sims G K. 2006. Nitrogen starvation promotes biodegradation of N-heterocyclic compounds in soil[J]. Soil Biology and Biochemistry, 38(8): 2478-2480

Smets T, Poesen J, Bhattacharyya R et al. 2011. Evaluation of biological geotextiles for reducing runoff and soil loss under various environmental conditions using laboratory and field plot data[J]. Land Degradation, Development, 22(5): 480-494

Söderberg K H E B. 2004. The influence of nitrogen fertilisation on bacterial activity in the rhizosphere of barley[J]. Soil Biology and Biochemistry, 36(1): 195-198

Soileau J M, Touchton J T, Hajek B F, et al. 1994. Sediment, nitrogen, and phosphorus runoff with conventional-and conservation-tillage cotton in a small watershed[J]. Journal of Soil and Water Conservation, 49(1): 82-89

Song X, Zhao C, Wang X et al. 2009. Study of nitrate leaching and nitrogen fate under intensive vegetable production pattern in northern China[J]. Comptes Rendus Biologies, 332(4): 385-392

Strebel O, Duynisveld W, Böttcher J. 1989. Nitrate pollution of groundwater in western Europe[J]. Agriculture, Ecosystems, Environment, 26(3): 189-214

Trevors J T. 1984. Effect of substrate concentration, inorganic nitrogen, O_2 concentration, temperature and pH on dehydrogenase activity in soil[J]. Plant and Soil, 77(2-3): 285-293

Vitousek P M, Aber J D, Howarth R W, et al. 1997. Human alteration of the global nitrogen cycle: sources and consequences[J]. Ecological Applications, 7(3): 737-750

Waddell J T, Gupta S C, Moncrief J F, et al. 2000. Irrigation-and nitrogen-management impacts on nitrate leaching under potato[J]. Journal of Environmental Quality, 29(1): 251-261

Wan Y, El-Swaify S A. 1999. Runoff and soil erosion as affected by plastic mulch in a Hawaiian pineapple field[J]. Soil and Tillage Research, 52(1): 29-35

Wang F, Yong-Rong B, Jiang X et al. 2006. Residual characteristics of organochlorine pesticides in Lou soils with different fertilization modes[J]. Pedosphere, 16(2): 161-168

Wang T, Zhu B, Xia L. 2012. Effects of contour hedgerow intercropping on nutrient losses from the sloping farmland in the Three Gorges Area, China[J]. Journal of Mountain Science, 9(1): 105-114

West T D, Griffith D R. 1992. Effect of strip-intercropping corn and soybean on yield and profit[J]. Journal of Production Agriculture, 5(1): 107-110

Willey R W. 1990. Resource use in intercropping systems[J]. Agricultural Water Management, 17(1): 215-231

Xia L, Liu G, Ma L et al. 2014. The effects of contour hedges and reduced tillage with ridge furrow cultivation on nitrogen and phosphorus losses from sloping arable land[J]. Journal of Soils and Sediments, 14(3): 462-470

Xing G X, Zhu Z L. 2000. An assessment of N loss from agricultural fields to the environment in China[J]. Nutrient Cycling in Agroecosystems, 57(1): 67-73

Zhang F, Li L. 2003. Using competitive and facilitative interactions in intercropping systems enhances crop productivity and nutrient-use efficiency[J]. Plant and Soil, 248(1-2): 305-312

Zhou X, Madramootoo C A, Mackenzie A F, et al. 2000. Corn yield and fertilizer N recovery in water-table-controlled corn-rye-grass systems[J]. European Journal of Agronomy, 12(2): 83-92

Zougmore R, Kambou F N, Ouattara K et al. 2000. Sorghum-cowpea intercropping: an effective technique against runoff and soil erosion in the Sahel(Saria, Burkina Faso) [J]. Arid Soil Research and Rehabilitation, 14(4): 329-342